DÖRLEMANN

Die französische Originalausgabe *Voyages dans mon jardin*
erschien 2021 bei HongFei Cultures in Amboise, Frankreich.

GPSR-Kontakt: Schöffling & Co. Verlagsbuchhandlung GmbH,
Kaiserstraße 79, D-60329 Frankfurt am Main
info@schoeffling.de

Umschlaggestaltung: Nicolas Jolivot
Text, Zeichnungen und Layout: Nicolas Jolivot
Satz: Lara Flues
Druck und Bindung: Finidr, Český Těšín
ISBN 978-3-03820-156-4
www.doerlemann.ch

Streifzüge durch meinen Garten

Nicolas Jolivot

Aus dem Französischen
von Julia Braun

Hausrotschwanz
Phoenicurus ochruros
Gewöhnlicher Bambus
Bambusa vulgaris

DIE ERSTE ERINNERUNG an den Garten stammt aus meiner frühen Kindheit. Ich bin drei oder vier Jahre alt und betrachte die geöffnete Blüte einer Zaunwinde. An der mit Efeu bedeckten Mauer und unter grauem Himmel leuchtet ihr Weiß umso mehr. Ich bin ganz gebannt von der Schönheit dieser Blütenkrone. Sie versetzt mich in meine erste schönheitsbedingte Schockstarre, und mir scheint, als wolle sie mir obendrein ein Geheimnis anvertrauen, mit ihrem Trichter in Form eines Mundes. Wenn eine einfache Blume eine solche Begeisterung bei mir auslösen kann, müssen sich noch Unmengen anderer gewöhnlicher Dinge darauf verstehen, mein Herz zu erwärmen. Und wenn ein einzelner Blick genügt, um dieses starke Glück zu verspüren, dann will ich mit meinen Blicken den ganzen Garten absuchen und danach die Straße und, wenn es sein muss, immer weiterziehen. Ich werde meinen Entdeckungsradius Stück für Stück ausweiten, zunächst auf die Heimat und dann auf die ganze Welt.

Als ich im Februar 2019 von meiner ich weiß nicht wievielten Chinareise zurückkehrte, spürte ich, dass mein Pensum an Ortswechseln erreicht war. Ich hatte das unverschämte Glück gehabt, fast dreißig Jahre lang relativ sorglos um die Welt zu reisen, zum größten Vergnügen meiner Augen. Es wurde Zeit, das Tempo zu drosseln. Unbewusst hatte der Wunsch nach Sesshaftigkeit die Lust auf Reisen ins Blaue verdrängt. Ich konnte kaum Pflanzen oder Insekten benennen und höchstens drei, vier gängige Vogelarten am Gesang erkennen. Im Laufe der Jahre, in denen ich mit den Gedanken stets woanders war, schenkte ich meiner direkten Umgebung keine Beachtung mehr. Ich musste etwas ändern. Im darauffolgenden März widmete ich mich ganz dem Garten und setzte mir hochmotiviert das Ziel, alles aufzulisten, was er bereithielt. Nach einem Monat des Sichtens erkannte ich, dass die Natur in ihrer unablässigen Bewegung und unendlichen Kleinteiligkeit mein Vorhaben illusorisch machte. Ich verstand, dass mein Garten mit seinen dreihundert Quadratmetern für einen aufmerksamen Beobachter so unerschöpflich war wie ganz China.

Daher setzte ich mir das angemessenere Ziel, ihn die nächsten zwei Jahre zu fast jeder Stunde eines jeden Tages zu besuchen. Aus dem selbstgewählten Arrest wurde zeitweise ein auferlegter, und aus dem ummauerten Grundstück ein eingehegtes Paradies.
Während ich beim Insektenbeobachten die Kunst der Fortbewegung auf allen Vieren wiederentdeckte oder mich zum Vogelbeobachten minutenlang auf die Lauer legte, dachte ich zunächst nicht daran, mit anderen zu teilen, was alle in ihren eigenen Gärten, im Park oder im Wald tun konnten. Ich bin weder Botaniker noch Insektenforscher, und wenn ich sehe, mit welcher Fertigkeit Albrecht Dürer *Das große Rasenstück* in Aquarell gemalt hat, beschleichen mich Zweifel bezüglich meiner Kompetenzen als naturalistischer Zeichner.
Doch dank einer Reihe unvorhersehbarer Ereignisse kannte ich den Garten schon ewig. Er gehörte seit mehreren Generationen meiner Familie. Ich hatte mit den Menschen zusammengelebt, die sich vor mir um ihn gekümmert hatten, was in Zeiten der allseitigen Bewegungsfreiheit doch eher selten geworden ist. Er ist mir eine Art zweite Haut geworden, die mich lehrte, über diese jahrhundertealte Einzigartigkeit zu erzählen und sie mit meinen Zeichnungen des Alltäglichen zu verbinden.

Der Garten hat nichts Außergewöhnliches an sich, er sieht aus wie der Garten eines Durchschnittsmenschen. Für eine Gartenschau wäre er nicht gerade geeignet, und auch als Nutzgarten kann er mit den Nachbargärten der Rentner mit grünem Daumen nicht mithalten. Anerkennung gebührt ihm schlicht daher, dass er mir im nahenden Herbst meines Lebens meine zurückgezogenen Tage erleuchtet, indem er mir täglich ein neues Bündel Entdeckungen beschert.
Nach wie vor betrachte ich die Blüte der Zaunwinde als eines der schönsten Dinge der Welt. Seit zwei Jahren habe ich im Licht der Stunden, in denen sie ihre Knospen öffnet, an ihr gehorcht und endlich ihr Flüstern vernommen. Ich gebe die Hoffnung nicht auf, eines Tages zu erfahren, was sie mir seit all der Zeit sagen will.

Warnhinweise

◆

Wenn diese grüne Raute vor einem Pflanzennamen steht, handelt es sich um Wildwuchs. Anders gesagt: Die Pflanzen sind ohne menschliches Zutun in den Garten gelangt.

⁂

Die Abbildungen und Namen der Wildpflanzen, die ich esse, garantieren keine sichere Identifizierung. Man sollte niemals Pflanzen essen, ohne sie genau identifizieren zu können!

⁂

Die wissenschaftlichen Namen der Pflanzen und Tiere stehen unterhalb der Trivialnamen, sowohl für die wissenschaftliche Korrektheit als auch für die Poesie.

Nussschalen

⁂

Gesammelte Federn

Schwungfeder einer Taube

Schwungfeder einer Krähe

Schwanzfeder einer Taube

Schwanzmeise
Aegithalos caudatus
auf dem Ast
einer Feige.

Feldsalat
›Coquille de Louviers‹
Valerianella locusta

Ich jäte lediglich die schlechten und lasse die andere Hälfte Rosetten bilden und Samen entwickeln, damit sie sich selbst aussäen. Der Feldsalat wächst so jedes Jahr am selben Platz und schenkt mir leckere Wintersalate.

Obwohl der nächste Nussbaum zweihundert Meter vom Garten entfernt steht, entdecke ich regelmäßig von Krähen herangetragene Nussschalen.

Januar

An diesem grauen Morgen stutze ich die Klettertrompete, binde die abgeschnittenen Stiele zu kleinen Bündeln zusammen und verstaue sie im Holzschuppen. Im kommenden Sommer dienen sie mir dann als Grillanzünder.

Versüßt wird mir diese eintönige Arbeit von Jean-Noël. Seit letztem Monat ist er wieder da, treu dem Revier, das er tapfer gegen das Eindringen männlicher Artgenossen verteidigt. Sobald ich den Garten betrete, folgt er mir auf dem Fuße und weicht mir nicht von der Seite, für den Fall, dass ich beim Umgraben mal einen Wurm aus der Erde hole. Ich habe ihn an seiner Art, mich anzusehen, wiedererkannt sowie an der Ausbuchtung an seinem roten Kropf. Und er scheint so vertraut mit der Umgebung!

Da wir uns schon länger kennen und er immer im Winter kommt, habe ich das Rotkehlchen auf den weihnachtlichen Namen Jean-Noël getauft. Nur bei anhaltendem Frost findet er auf der Küchenfensterbank ein paar Brotkrümel und einen Schraubdeckel mit etwas lauwarmem Wasser. Den Rest der Zeit kommt er sehr gut allein zurecht, trotz wiederholter Unterstützungsanfragen.

Jean-Noël
Rotkehlchen
Erithacus rubecula

Gartenhortensie
Hydrangea macrophylla

Im Inneren ihrer trockenen Blütenstände überwintert die grüne Stinkwanze. Sie besitzt die nützliche Fähigkeit, die Farbe zu wechseln und während des Winters bräunlich zu erscheinen. Dicht neben den verwelkten Blütenständen deutet sich langsam der Ansatz künftiger Blätter an.

Schwarze Nieswurz
Helleborus niger
Christrose

Auf dem vorherrschenden Rotbraun erzielen die punktierten gelben Kleckse den schönsten Effekt. Es sind die Blüten des Winterjasmins. Damit dieser in den Garten gelangen konnte, musste zuerst der berühmte Pflanzenforscher Robert Fortune diese ›Yingchun hua‹ (»Blume, die den Frühling begrüßt«) 1844 aus China mitbringen, und anschließend der freundliche Mitarbeiter der städtischen Grünanlagenpflege mir ein Exemplar als Wiedergutmachung schenken. Seit fünfzehn Jahren versuche ich, eine Kletterpflanze auf der Straße am Haus entlang hochzuziehen, und der Dienst zur Unkrautbeseitigung hat sie gezielt abgeflammt. Ich habe mich bei dem betroffenen Mitarbeiter darüber aufgeregt, er hat seinen Fehler eingeräumt und mir diesen Jasmin geschenkt.

Ich habe ihn in den Garten gepflanzt, damit er den Autoverkehr nicht behindert. Die städtischen Mitarbeitenden wiederum verstreuen seit 2016 kein Unkrautvernichtungsmittel mehr und entfernen nur vereinzelt Gräser oder Disteln mit dem Abflammgerät.

Gartenwolfsmilch
Euphorbia peplus
Eine der am meisten verbreiteten Wildpflanzen, erkennbar am weißen Saft, der im Stängel enthalten ist.

Kreuzblättrige Wolfsmilch
Euphorbia lathyris
Springwolfsmilch

Winterjasmin
Jasminum nudiflorum
Seine gelben Blüten erscheinen schon vor den Blättern. In einem seiner Herkunftsländer, China, gehört dieser geruchlose Jasmin zu den »Vier Freunden der kalten Jahreszeit«, zusammen mit der Pflaume, der Kamelie und der Narzisse.

Herzblättrige Bergenie
Bergenia cordifolia

Unter den Pflanzen, die im Winter im Garten blühen, ist die robuste Bergenie, die weder Hitze noch Kälte fürchtet. Im Sommer flüchten sich die Schnecken unter ihre dicken Blätter.

Die Tulpen sprießen aus der Erde, und die Rosensträucher bilden bereits neue Blätter.

Der Monat ist geprägt von milder, feuchter Luft und bedecktem Himmel. Im Radio heißt es zum Wetter: »Die Temperaturen übersteigen bei Weitem den Bereich saisonaler Schwankungen.« Dies bekommt der Garten bereits seit mehreren Jahren in Winter und Frühling zu spüren.
Die Normalwerte der Vergangenheit verlieren jegliche Aussagekraft. Schluss mit dem berühmten »Weihnachten im Klee, Ostern im Schnee.« Wobei weiße Ostern mittlerweile auch eine ungemütliche Vorstellung abgeben, wo doch das offene Kaminfeuer heute so gut wie verboten ist. Ich lasse das Holz aus dem Garten immer noch in meinem Kamin lodern, denn es ist für mich unvorstellbar, dem Menschen dieses einfache Glück zu verwehren, eine Flamme ohne Scheibe davor beim Tanzen zu bewundern und sich beim Anblick der glutroten Kohlen in Träumereien zu verlieren, die dann abrupt von einer funkensprühenden Kastanienschale unterbrochen werden.
Früher hieß es, »Sturm und Frost an Fabian ist allen Saaten wohlgetan.« Von der Tatsache abgesehen, dass es immer seltener Frost gibt, weiß heutzutage auch niemand mehr, an welchem Tag man Fabians feiert, abgesehen von den Gefeierten. Das letzte Mal, dass ich einen Vornamen mit einem bestimmten Tag in Verbindung bringen konnte, war zu der Zeit, als die Post noch diese Kalender mit Bauernregeln und Namenstagen verkaufte. An einem Nagel links am Büffetschrank fanden sie jedes Jahr ihren festen Platz.
Heute klopft der Postbote nicht mehr an, um mir ein paar frischgeworfene Kätzchen oder einen kitschigen Wandkalender anzubieten, und die Tage wurden im Onlinekalender zu weißen Kästchen. Ich weiß nicht mehr, wann Violettas oder Jacinthas gefeiert werden.
Je mehr Jahre vergehen, umso stärker vermisse ich lauter kleine Details von früher. Das ist der Beweis, wenn er denn benötigt wird, dass ich alt und gestrig werde. Es kümmert mich wenig, da ich all die Jahre auch gebraucht habe, um heute so schwärmen zu können wie beim Zeichnen eines solchen Winterwunders wie dieser erhabenen, ehrwürdigen Blüte einer frühblühenden Kamelie.

Japanische Kamelie
Camelia japonica

In einem Garten an der Loire und in Atlantiknähe eine Kamelie zu haben, ist unverzichtbar. Die Samen, die im 19. Jahrhundert über England aus Japan kamen, wurden in Frankreich das erste Mal in Baumschulen bei Angers und Nantes ausgesät.

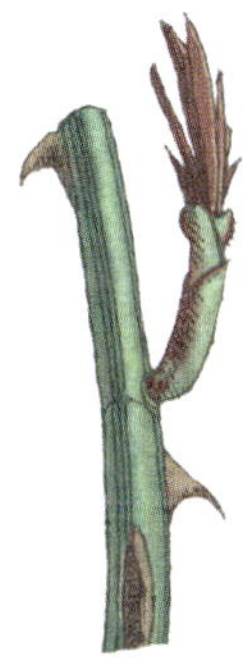

Zaunkönig

Troglodytes troglodytes

Den kleinsten Vogel des Gartens erkennt man an seinem flinken Hüpfen und dem fast immer aufgestellten Bürzel.

Buchfink

Fringilla coelebs

Scheu ist er! Seit mehreren Tagen höre ich ihn hinten im Garten herumwuseln, aber wenn ich mich nähere, sehe ich nur noch einen kleinen Punkt in die entgegengesetzte Richtung fliehen. Doch als er sich heute waghalsig dem Haus näherte, konnte ich ihn durch das Atelierfenster einen Moment lang beobachten.

Japanischer Blauregen
Wisteria floribunda

Verkehrt-lanzettliche Schote mit giftigen Samen.

Schwarze Nieswurz
Helleborus niger

›Early Purple‹
Christrose

Die Schwarze Nieswurz hält sich bedeckt. Doch ihre giftige Natur und ihre medizinischen Heilkräfte sind allseits bekannt. Es hieß sogar, sie könne Wahn heilen. In einer Fabel von Jean de la Fontaine verspottet der Hase die Schildkröte, indem er ihr rät, Nieswurzkörner zu nehmen.

◆ **Kleinblütige Königskerze**
Verbascum thapsus

Die zweijährige Pflanze bildet bereits ihre behaarten, pelzigen Blätter, in denen sich Regenwasser sammelt. Im Frühling entwickelt sie ihren langen gelben Blütenstand.

Eichelhäher
Garrulus glandarius

Genetzte Ackerschnecke
Deroceras reticulatum

Tausendfüßer
Myriapode
Klasse der Hundertfüßer

Mir wurde einen Moment lang das Glück zuteil, in den Wipfeln des Pflaumenbaums einen Vogel zu sehen, der sich nur äußerst selten zeigt: den Eichelhäher. Er fing einen Wurm, machte eine Verschnaufpause und flog wieder davon. Er ist auf der Durchreise und hält immer am gleichen Ort.

Und obwohl es an diesem 18. Januar, St. Fabian, tatsächlich Frost und Frösteln gab, blieb der Sturm aus. Alle Saaten sind sowieso nicht mehr zu retten. Letzte Nacht bildete sich lediglich eine feine Puderschicht auf den Dächern, und das Wasser der Teiche blieb vom Frost unberührt. Am heutigen Morgen ist unter blauem Himmel kein Windhauch zu spüren. Die Sonne blitzt in hellen Flecken zwischen tiefblauen Schatten hervor, die Luft ist beinahe so kristallklar wie der Vogelgesang, und das Getöse der Stadt ist nicht mehr als ein fernes Rauschen. Es fühlt sich an, als wäre heute, trotz aller bereits erlebten Tage, mein allererster Morgen, und er lässt mich mit dem gleichen Vergnügen in die Gartenarbeit schlüpfen wie in ein frischbezogenes Bett.

◆ **Ledriger Öhrling**
Otidea alutacea

Diese etwa zehn Zentimeter langen, seltsamen Pilze sehen eher nach ledrigen Schüsseln als nach Ohrmuscheln aus und haben sich unterm Flieder zusammengefunden.

Schwarze Wegschnecke
Arion ater
Dieses Jungtier, kaum größer als die Taste einer Computertastatur, ist sehr viel seltener als die Rote Wegschnecke.

◆ **Kissenprimel**
Primula vulgaris
Seit Jahrzehnten veredeln ihre Blüten die Gerichte unserer Spätwinter- und Frühlingsküche.

Stechdornblättrige Mahonie
Berberis aquifolium
Die Trauben (Blütenstand an einem Stiel) haben bereits Knospenform.

Als ich die Efeu- und Distelwurzeln unterhalb der Himbeersträucher entfernte, fand ich ein paar weiße Würmer. Lange Zeit dachte ich, es handele sich dabei um die Larven des Gemeinen Maikäfers, der für seine Angriffe auf Gemüsewurzeln berüchtigt ist, und beschloss, einen Großteil loszuwerden. Es ist mir unangenehm zuzugeben, welches Vergnügen es mir bereitete, auf sie draufzutreten, und - noch unangenehmer - wie ich jubelte, wenn ich sie unter der Schuhsole zerplatzen hörte.

Bis ich eines Tages herausfand, dass aus diesen Würmern die schönsten Käfer des Gartens werden, die Goldglänzenden Rosenkäfer. Im Sommer werden es wirklich viele, aber es wäre zu schade, sich dieses schönen grünen Glanzes, der an einen Edelstein erinnert, zu berauben. Ich unterscheide ihn vom Gemeinen Maikäfer an ihren unterschiedlichen Köpfen, der Behaarung und einer Besonderheit, die besonders amüsant zu beobachten ist: Ich lege die Larve auf das Blatt einer liegenden Schaufel und wenn sie sich auf dem Rücken und mit in der Luft zappelnden Beinchen weiter fortbewegt, ist es eine Rosenkäferlarve. Dann lasse ich sie in der Erde oder verfrachte sie auf den Kompost, da Rosenkäfer, im Gegensatz zu Maikäfern, ausschließlich tote Pflanzen fressen.

Goldglänzender Rosenkäfer
Cetonia aurata

◆ **Duftveilchen**
Viola odorata

Mein Garten war einmal ländliches Gebiet. Natürlich noch nicht in seiner heutigen Form, diese Einleitung mag also absurd klingen. Jedoch gaben die Beschaffenheit des Bodens, die Form der Steine und der Regen vom Meer diesem Stück Land seine heutige charakteristische Farbe.

»Mein Garten« zu schreiben und auf dem Possessiv zu bestehen, wäre überzogen. Es handelt sich nicht um angeeigneten Besitz, den ich meinen Wünschen anpasse. Ich betrachte ihn nicht als ein materielles Gut. »Mein Garten« existiert nur in der Summe der Momente, in denen ich mich dort aufhalte.

Der Garten gehört ebenso denen, die vor mir kamen, wie allen, die noch kommen werden, da jeder Ort ein unendlich langes Band ist, dem die Menschen nur als simple Motive aufgedruckt werden. Ich bin lediglich Schüler und Wanderer auf diesem winzigen Punkt des Planeten.

Der Garten lag also auf dem Land und an einem Fluss, den nur die nächste Nachbarschaft kennt, dem Thouet. Er fließt gemächlich durch ein liebliches Tal, in dem einige Pappeln in die Höhe ragen. Die Landschaft wurde von dem Thouet geformt, indem er sich in die Kreide grub und im Laufe der Zeit eine Menge anderer Sedimente heraufbeförderte, bevor er unbemerkt sieben Kilometer weiter in einen sehr viel bekannteren Strom mündete, die Loire.

Der Garten liegt auf dem Schwemmland des Thouet, das lange Zeit mit Obstbäumen und Weinreben bepflanzt wurde, um einen eigenen regionalen Wein zu produzieren. In einem handschriftlichen Flächenkataster von 1825 sind die mit Nummern versehenen landwirtschaftlichen Grundstücke verzeichnet. Sie laufen hier spitz zu, denn ihre Grenzen entsprechen der Fließrichtung des Regenwassers, das in den Thouet abläuft. Der Garten hat hier bereits eine urkundliche Existenz als das Grundstück 44 in Abschnitt 016 B.

Wenn die Beeren der Weintraube fort sind, bleibt nur noch die Rispe, ihr Skelett, bestehend aus einem Hauptstiel und davon abzweigenden seitlichen Verästelungen.

Ein paar Fundstücke und Steine aus dem Garten.

Gemeine Stechpalme

Ilex aquifolium

Ich habe einmal von einem Waldspaziergang eine kleine Stechpalme mitgebracht, in der Hoffnung, sie würde dem Garten in den kommenden Wintern das Leuchten ihrer roten Beeren schenken. Ich wusste nicht, dass die Stechpalme, wie manch andere Pflanze, zweihäusig ist. Es braucht eine männliche und eine weibliche Pflanze, damit sie Früchte bilden kann. Für meine großgewachsene Stechpalme einen Partner zu finden, wird eine Aufgabe für zukünftige Waldspaziergänge.

Leeres Schneckenhaus.

Februar

Das Wetter war schon die letzten Winter definitiv zu mild. Bei zwölf Grad an diesem 10. Februar öffnen sich bereits die Blütenknospen der Pflaume. Die Folgen ließen nicht lange auf sich warten. Der Wind nahm gestern Mittag an Fahrt auf, wurde den Nachmittag über immer stärker und entlud sich am Abend im Sturmtief Ciara.

Unaufhörlich hat sie die Rosensträucher gegen die Mauer gepeitscht, an die sie sich ängstlich klammerten, und die Bambusblätter in Fischschwärme verwandelt, deren Zappeln und Zanken klang wie das Reißen und Knüllen von Alufolie. Der Wind heulte durch die Ritzen der Eingangstür, dröhnte durch den Schornstein und brachte die Fensterläden zum Klappern. Die Meisen versteckten sich in den Nischen unter der Dachrinne und die Amseln im Bauch des großen, unerschütterlichen Lorbeerbaums. Bloß seine äußeren Blätter wurden etwas lichter. Heute Morgen hat der Wind sich beruhigt und ist am Nachmittag mit geballter Sturmkraft zurückgekehrt, um uns allen an den Nerven zu zerren.

An diesem 12. Februar erreicht mich eine Nachricht, der ich keine Beachtung schenke: Ein Virus befällt Tomaten. Das ToBRFV (Tomato Brown Rugose Fruit Virus) erledigt seit sechs Jahren Stauden in aller Welt und könnte laut den Gesundheitsbehörden nun Frankreich erreichen. Ich verstehe nicht, weshalb diese Information jetzt verbreitet wird, wo Tomaten noch in Samenform sind (meine habe ich erst Anfang der Woche am Atelierfenster angesät). Es ist etwas früh, um Deformierungen und Verfärbungen der Blätter sowie Unebenheiten auf den Früchten zu erkennen!
Die Information richtet sich höchstwahrscheinlich an industrielle Gemüseanbauer, die ihre Tomaten das ganze Jahr über im Treibhaus hochziehen. Da besteht jetzt vielleicht kein direkter kausaler Zusammenhang, aber wenn man nur mal versuchen würde, ausschließlich saisonales Obst und Gemüse aus unserer Erde zu essen …

Blutpflaume
Prunus cerasifera
›Pissardi‹

Gartenhyazinthe
Hyacinthus orientalis

Rosmarin
Rosmarinus officinalis

Raupe eines Nachtfalters.

Spinne unterm Ast eines Nektarinenbaums.

Landassel
Familie der Oniscidea

Goldleiste
Carabus violaceus
Larve

Das Wetter ist so unsäglich mild, es ist zum Verzweifeln. Wann werde ich auf schneebedeckten Gartenwegen makellose Fußabdrücke hinterlassen? Langsam schälen sich die Blüten einer weiteren Iris heraus. Ihrer Vorgängerin wurden die zarten, seidigen Blütenblätter vom Sturmtief Dennis entrissen.
Meine Deutschen Schwertlilien kommen vom Land. Ich habe ihr Wurzelrhizom auf einer verlassenen Windmühle gesammelt.
Ich sage bewusst »auf« der Windmühle, da die Windmühlen in meiner Region sehr besonders sind: Sie sind auf Gewölbedecken erbaut, die mit Erde gefüllt wurden. Man erzählt, die Müller hätten die Schwertlilien früher darauf gepflanzt, um die Erde an Ort und Stelle zu behalten und das überschüssige Regenwasser aufzusaugen. Ich hatte immer davon geträumt, einmal diese Mühle zu kaufen und zu restaurieren, was mein dürftiges Künstlereinkommen leider nicht zuließ. Also verpflanzte ich die Schwertlilien, als eine Erinnerung an das Ganze durch ein paar seiner Einzelteile.

Deutsche Schwertlilie
Iris germanica

3.
Februar

5.
Februar

12.
Februar

16.
Februar

25.
Februar

Die Lilienhähnchen tummeln sich auf den Blättern der weißen Lilie. Ich kenne diese kleinen Bengel mittlerweile gut. Immer schon leben sie auf dieser einen Pflanze. Jeden Frühling fange ich um die zwanzig Stück und zerdrücke sie mit bloßen Fingern. Es tritt ein orangefarbener Saft aus, den ich konsequent an der Hose abwische. Und jedes Jahr kommen zwanzig Neue. Sie sind wirklich schlau, diese Hähnchen … Während andere Wanzen sich ohne großes Aufsehen einsammeln lassen oder höchstens die Flucht unter ein Blatt versuchen, hat der Lilienkäfer eine effiziente Strategie, um der Menschenhand zu entkommen: Er lässt sich fallen. Er versucht gar nicht erst, seine kleinen Elytren zum Fliegen zu mobilisieren, sondern lässt sich zu Boden fallen und flüchtet sich ins Gras. Und er ist gleich doppelt schlau, weil er sich als Larve mit dem eigenen Kot bedeckt. Zur Abschreckung derjenigen, die sie in die Finger kriegen und an der Hose abwischen wollen.

Lilienhähnchen
Lilioceris lilii

Blüten der Pflaume,
der Schlehe und
der Nektarine.

Die roten Fische im Teich schwimmen unter den von Sturmtief Dennis aufgewirbelten Pflaumenblütenblättern umher. Eine Szenerie, wie man sie auch in der chinesischen Kunst wiederfinden könnte.

◆ **Persischer Ehrenpreis**
Veronica persica

◆ **Purpurrote Taubnessel**
Lamium purpureum

Großer Immergrün
Vinca major

Ich habe in der ländlichen Umgebung eine ganze Pflanze ausgegraben und sie in meinen Garten umgesiedelt. Seitdem verbreitet sie sich nach Lust und Laune über das ganze Areal, indem sie ihre Wurzelausläufer von einem schattigen Plätzchen zum nächsten schießt.

Star
Sturnus vulgaris

Scharbockskraut
Ficaria verna
Gelbe Narzisse
Narcissus pseudonarcissus

Dill
Anethum graveolens

Die Mauerkrone dient den Nachbarskatzen als Promenade. Unten links sieht man die Markierung des Hochwasserstandes von 1866 an der Einfriedungsmauer. Außerdem sind die für das 19. Jahrhundert typischen schmiedeeisernen Nägel mit ihren nach allen Seiten abgerundeten Köpfen zu sehen.

◆ **Trompetenflechte**
Cladonia fimbriata
Lichen

Weinknospen

1855
Der eingemauerte Garten

Der Garten lag zwischen einer mittelgroßen, am Ufer der Loire gelegenen Stadt und einem Dorf oberhalb des Thouet. Es gab zwei Wege, die beide Orte verbanden. Der erste war kürzer und führte am Fluss entlang, er war im Winter jedoch von Hochwasser bedroht, und so brauchte es noch einen weiteren Weg, einen höhergelegenen, um eine verlässliche Verbindung zu garantieren. Die beiden parallel laufenden Wege hatten über fast zwei Kilometer keine befahrbare Verbindungsstraße, weshalb die Kommune 1855 entschied, dies zu ändern, indem sie ein Grundstück erwarb und es in eine Straße verwandelte. Der Ausbau fiel mit den Arbeiten zur Stadterweiterung zusammen. Der Garten gehörte seitdem nicht mehr zum Einzugsgebiet des Dorfes.

Der Bau einer ausreichend breiten Straße, auf der zwei Karren nebeneinander her fahren konnten, erleichterte die Arbeiten der Stadterweiterung. Wenige Jahre später erschienen mehrere Häuser auf den regionaltypischen, eingefriedeten Grundstücken. Der Tuffstein, ein leicht zu bearbeitender Kalkstein, wurde aus dem nahegelegenen Steinbruch geborgen und über die Loire und den Thouet herbeigeschifft. Zusammengesetzt ergaben die Steine hohe Mauern, die die Wege, Weingärten und Anwesen säumten, manchmal auch als hübsches Quadermauerwerk. Diese Mauern dienten als Grundstücksgrenzen, aber auch als Schutzwall vor Westwind, Frost und Diebstahl.

Schließlich wurde der Garten eingemauert. Zu dieser Zeit gehörte das Grundstück einem gewissen Jacques Pinet, der von Beruf Maurer war. Ich habe es nicht schriftlich, aber ich denke, es war sicherlich seine Idee, ein kleines Steinhäuschen mit Schornstein zu bauen. Es konnte denen, die in jeder Jahreszeit kilometerweit zu Fuß oder zu Pferd anreisten, um den eingefriedeten Weinberg zu bewirtschaften, einen Unterschlupf bieten.

◆ **Mauerdrehzahnmoos**
Tortula muralis

Das Hochwasser von 1866

Die Einfriedung wurde sorgfältig um ein Gebiet von 12 Ar und 78 Zentiar gezogen, also fast 1.300 Quadratmeter in einem Rechteck aus 41 mal 31 Metern. Das Fundament der Mauern wurde aus Sandstein erbaut, den man aus dem steinigen Aufschluss der Hänge gewann. Mit seinen vierzig Zentimetern Höhe stellte der Fundamentstreifen den nötigen Abstand zwischen den darüberliegenden Kreidesteinen und dem feuchten Boden her. Auf diesem Fundament wurden vier Reihen fester, perfekt in Form gearbeiteter Tuffstein aufgesetzt und mit dem hellen rötlichen Sand des

lokalen Kalkvorkommens verfugt. Dem Ganzen setzte man noch die Mauerkrone auf, die als Regenschutz auf beiden Seiten zwei Zentimeter überstand. Die pergamentfarbenen Steine stammten aus einem Steinbruch in Hanglage etwa fünf Kilometer stromaufwärts des Flusses. Man verarbeitete sie zu stabilem Tuffstein, qualitativ noch besser als der Leichtbaustein, der im Hausbau verwendet wird. Zehn Jahre nach ihrem Bau litt die Einfriedung unter einem der schlimmsten Hochwasser, die die Loire in den letzten Jahrhunderten erlebt hatte. Im Oktober 1866 drängte ihr Wasser das des Thouet zurück und kletterte in erschreckende Höhen. Jemand ritzte den Höchststand des Hochwassers und die Jahreszahl in den Mauerstein, eine übliche Praxis im Land der wechselnden Wasserstände und der weichen, nachgiebigen Steine. Diese Überschwemmung sollte Auswirkungen auf die Zukunft des Grundstücks haben.

Schachbrettblume
Fritillaria meleagris

Ende der neunziger Jahre sammelte ich drei Schachbrettblumenzwiebeln am Ende der Straße, im feuchten Weideland des Thouet. Sie erblühen jedes Jahr. Mittlerweile haben wissenschaftliche Untersuchungen ergeben, dass die Pflanze eine bedrohte Art ist. Es ist von jetzt an untersagt, ihr unterirdische Teile zu entnehmen oder mehr als einen Strauß zu pflücken.

Spanische Hasenglöckchen
Hyacinthoides hispanica

Diese Pflanzen machen sich munter im ganzen Garten breit!

März

Als ich unter dem Rhabarber, dessen knittrige Blätter wie Papierknäuel aussahen, jätete und hackte, fand ich eine blaue Murmel. Die Hacke in der Schwebe, hielt ich inne, und die Erinnerungen hauten mich fast um.

Ich sehe sie vor mir, die Rinnen, eingekerbt in die warme Julierde, die den Murmeln den Weg wiesen und an deren Ende schon ihre Ablösung wartete, eine Radlerfigur aus Plastik, auf die ich den Namen eines Tour-de-France-Meisters gekritzelt hatte. Ich spüre dem Entzücken nach, das ich beim Beobachten meiner Murmeln ebenso empfand wie beim Knirschen des Glases, wenn sie in meinem Etui aneinanderrieben, und erinnere mich noch genau an den Geruch des Etuis.

Beim Umgraben entdecke ich regelmäßig Spuren der Vergangenheit. Vorgestern grub ich ein Lupenglas aus und gestern Spielzeug meiner Kinder, eine Pokémonfigur und einen Plastikdino. Ich verbuddele sie jedes Mal wieder in der Erde für das fast schmerzliche Vergnügen, sie in einigen Jahren wiederzufinden und mich zu erinnern.

Krokodilpokémon

Karnimani in der ersten Entwicklungsstufe

Gewöhnlicher Rhabarber
Rheum rhabarbarum

Prachtspiere
Spirea x vanhouttei

Weiße Freesie
Freesia alba
Die Knospen auf dem Stängel der Freesie warten brav hintereinander aufgereiht darauf, dass sie zur Blüte aufgerufen werden.

Rosmarinkäfer
Chrysolina americana
Dieses Insekt ernährt sich ausschließlich von seiner Wirtspflanze. Der Versuch, es davon abzubringen, wäre verlorene Liebesmühe – die beiden leben in Symbiose.

Jean-Noël, das Rotkehlchen, hatte dem Garten vor einem Monat den Rücken gekehrt. Der milde Winter hatte es wohl dazu veranlasst, früh in die weite Natur davonzuziehen. Doch nach dem zweitägigen kalten Ostwind, der die Gegend um einiges heruntergekühlt hat, kam Jean-Noël heute am 26. März zurück und wärmte sich in der Nähe des Hauses auf.

Lampionblume
Physalis alkekenji

Verkannte Traubenhyazinthe
Muscari neglectum

Diese Wildpflanze findet man in der Region hauptsächlich in den Weinbergen, wo ich einige ihrer Zwiebeln ausgegraben habe.

Asiatischer Marienkäfer
Harmonia axyridis

Dieser Marienkäfer ist der Nachkomme einer Art, die Ende der achtziger Jahre aus Asien importiert wurde, als natürlicher Fressfeind der Blattläuse. Damals hatte man noch keine Ahnung, dass diese Art vor Ort auch die heimischen Marienkäfer angreifen würde.

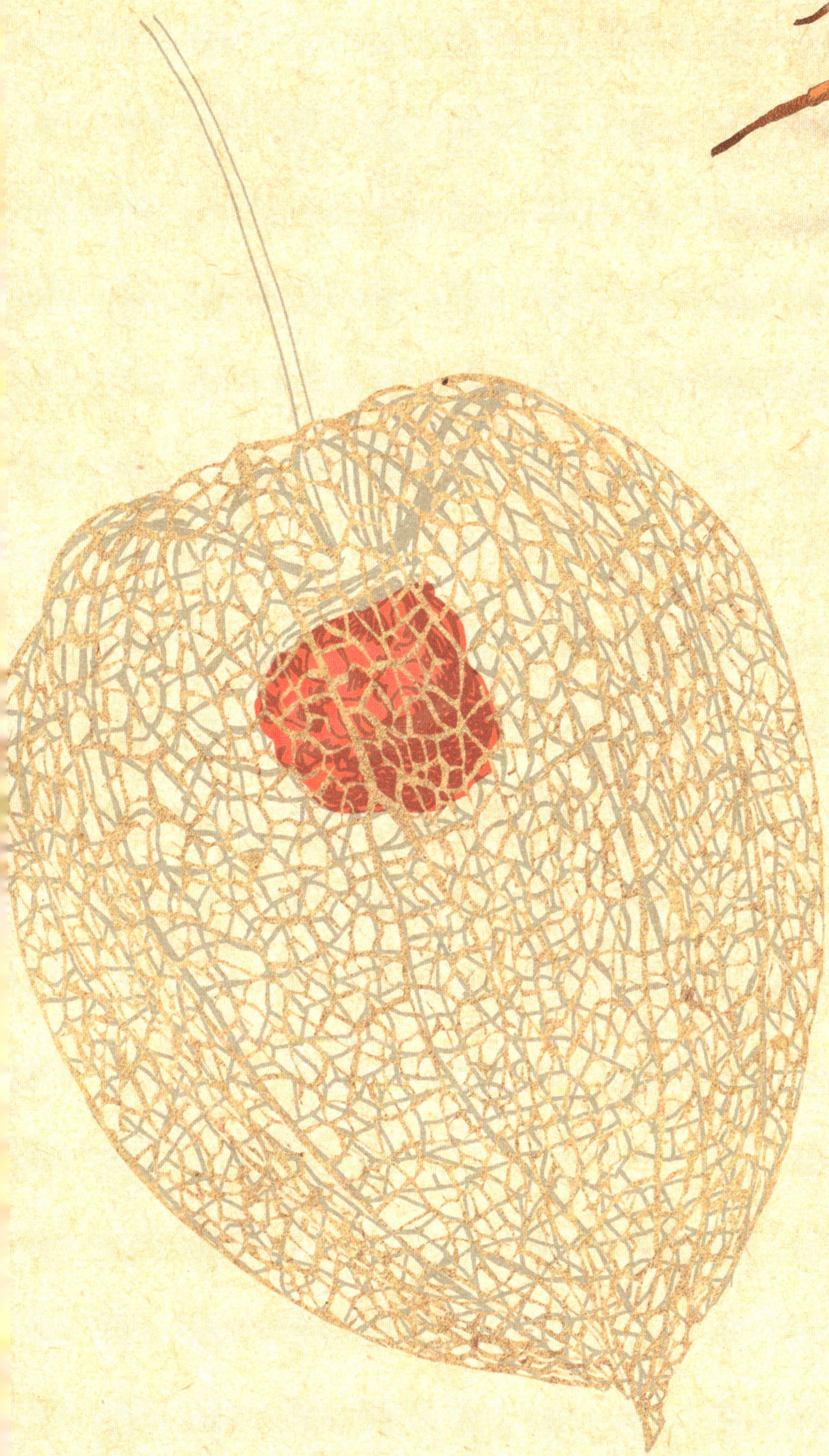

Großer Asseljäger
Dysdera crocata
Ich habe die Spinne im Kompost gefunden. Dort macht sie mit ihren zwei Cheliceren (Beißzangen) Jagd auf Asseln.

Siebenpunkt-marienkäfer
Coccinella septempunctata
Glückskäfer

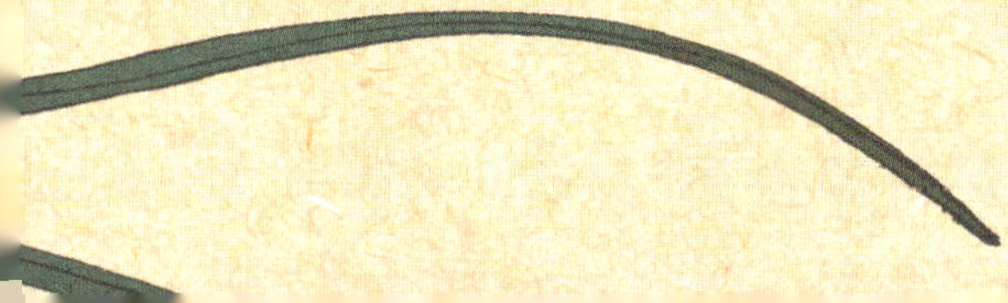

Kapmargeriten
Osteospermum

Edler Lorbeer
Laurus nobilis
In Blüte.

Eine grüne
Nachtfalterlarve bewohnt
seit sechs Tagen die Blüte
einer Anemone.

Bartnelke
Dianthus barbatus

Kartoffel
Solanum tuberosum

Am Anfang pflanzte ich meine Kartoffeln, wie es die regionale Tradition will: nur zum Zeitpunkt der Fliederblüte. Seit ein paar Jahren riskiere ich es, meine gekeimten Kartoffeln von der Sorte Bintje, Charlotte oder La Ratte sehr viel früher einzupflanzen, in der Erwartung weiterhin ähnlich milder Temperaturen wie die der vorigen Winter. Ich buddele sie vorsichtshalber etwas tiefer ein.

Echte Purpurglöckchen
Heuchera sanguinea

Die Echten Purpurglöckchen sind seit Ewigkeiten im Garten. Meine Großmutter brachte mir den französischen Trivialnamen der Pflanze bei: ›Désespoir du peintre‹ (»Verzweiflung des Malers«). Der ernste, nachdenkliche Blick, den sie mir dabei schenkte, sollte Mitgefühl für die Maler ausdrücken, die sich der Herausforderung stellten.

Forsythie
Forsythia x *intermedia*
Goldglöckchen

Kronenanemone
Anemone coronaria

Tulpe
Tulipa sp.

Doldiger Milchstern
Ornithogalum umbellatum
Stern von Bethlehem

◆ **Ruprechtskraut**
Geranium robertianum

◆ **Ackervergissmeinnicht**
Myosotis arvensis

◆ **Gewöhnliches Greiskraut**
Senecio vulgaris

Lorbeerkirsche
prunus laurocerasus

Thymian, Salbei und Rosmarin sind die wichtigsten Bestandteile für unseren Tee am Morgen. Ein morgendlicher Zaubertrunk, um die Exzesse des Vorabends aus dem Körper zu spülen, oder auch ein abendlicher, um den Anflug einer Erkältung einzudämmen, die sich dank des verfrühten Aprilwetters ankündigt.

Kohlschnake
Tipula oleracea

Blutstorchschnabel
Geranium sanguineum
Nicht zu verwechseln mit den Pelargonien der Balkongärten!

Die Tomatensamen sind im Atelier gut gekeimt.

Ackerhummel
Bombus pascuorum

Rübsen
›Rave d'Auvergne Hâtive‹
Brassica rapa subsp. *rapa*
In Blüte.

Gartenhyazinthe
Hyacinthus orientalis
Die Pflanze bildet seit zehn Jahren jedes Jahr an der gleichen Stelle eine wunderschöne Blüte aus. Um richtig aufblühen zu können, muss man seinen Platz finden. Das gilt für Blumen wie auch für Menschen.

Gemeine
Keilfleckschwebfliege
Eristalis pertinax

Aprikose
Prunus armeniaca

Die kleine Aprikose der Varietät ›Aprikose von Saumur‹ wird wachsen und eine köstliche Frucht geben, wenn Sturm und Frost sie nicht zu Fall bringen.

Feldwespe

Diese Wespe der Gattung ›Polistes‹ baut ein Nest am Ast eines Schachtelhalms. Diese Konstruktion besteht aus Zellstoff und einer Mischung aus dem Speichel des Insekts und dem Holz, dass sie zerknabbert.

Totenkopfschwebfliege
Myathropa florea

Kopfkohl
Brassica oleracea
var. *capitata*

In Blüte.

Ostansicht

Der Maurer Jacques Pinet starb kurz nach dem Bau der Einfriedung. Da er keine Nachkommen hatte, vermachte er das Grundstück an seine Schwester, die es sogleich an einen angesehenen Städter verkaufte.

1869 kaufte Louis Léon Pérou Jagot, ein Kohlenhändler, für 2.600 Francs den eingefriedeten Weinberg samt Häuschen. Er ließ auf dem Grundstück ein Haus aus Tuffstein bauen und es mit Kalk und Sand verfugen, der aus einem anderen, rötlicheren, Bruch gewonnen wurde als dem eher beigen Steinbruch an der Loire. Das Haus bestand aus einem Untergeschoss mit Kelter, einem Erdgeschoss mit zwei Zimmern, Küche und Esszimmer, die beide mit einem Kamin ausgestattet waren, einem Obergeschoss mit zwei Zimmern, davon ein warmes zum Schlafen, und zum Abschluss einem Dachboden. Mit seiner dreiteiligen Anordnung, außen jeweils ein Zimmer und in der Mitte das Treppenhaus, glich das Gebäude denen, die damals in der Stadt gebaut wurden, und zwar in so schlichter Form, dass es aussah wie ein Puppenhaus.

Zur Eingangstür führt eine Freitreppe mit acht Stufen. Somit befinden sich die Wohnräume oberhalb des außergewöhnlichen Hochwasserstandes von 1866.

Fensterladen-Riegel im Bergère-Stil, um tagsüber im Erdgeschoss die Fensterläden an der Laibung zu befestigen.

Hauptfassade

Gartenlevkoje
Matthiola incana
Mit lila Blüten.

Tulpenstempel

Schillernde Schwertlilie
Iris versicolor

Auf der rechten Seite:
Großlaufkäfer
Carabus

April

Seit mehreren Tagen besetzt ein Amselmännchen Hof und Garten. Er postiert sich entweder auf der Mauer oder auf niedrigen Ästen. Er hat sich schon so gut eingewöhnt, dass ich mich ihm auf zwei Meter nähern kann. Er reckt immerzu den Hals, um sein Territorium mit den Blicken zu überfliegen. Währenddessen verbringt Madame Amseline die Zeit damit, am Boden zu scharren und in ihrem etwas blasseren Schnabel als dem des Männchens Moos in den Holzschuppen zu transportieren. Unermüdlich baut sie an einem Nest. Von Zeit zu Zeit wirft Monsieur einen Blick in den Schuppen, um zu sehen, wie sie mit der Arbeit vorankommt, um dann wieder zu verschwinden, sobald seine Liebste zurückgeflogen kommt. Dabei schlägt sie wild mit den Flügeln, denn sie trägt eine Ladung Reisig, die einem Drittel ihres Körpergewichts entspricht. Schließlich kehrt er an seinen Aufsichtsposten zurück, um sicherzustellen, dass keine anderen Amseln Madame von der Arbeit abhalten oder ihr schöne Augen machen.

Japanische Kerrie
Kerria japonica
›Pleniflora‹
Mit doppelter
Blütenhülle.

Bergwaldrebe
Clematis montana

Amsel Tino
Turdus merula

Kürbisspinne
Araniella cucurbitina

Diese Spinne hat gerade ihre graue Winterfarbe abgelegt und sie in ein hellleuchtendes Grün verwandelt, passend zum Frühling und zu den Blättern dieser Goldparmäne, oder auch ›Königin der Renetten‹.

Trompetengeißblatt
Lonicera sempervirens
Jelängerjelieber

Amsel Tino frisst am liebsten kleine Würmer und Beeren von Efeu oder Ölweiden.

Faulbaumbläuling
Celastrina argiolus
Auf dem Stempel einer Tulpe, die ihre Blätter verloren hat.

Gewöhnliche Akelei
Aquilegia vulgaris

Große Holzbiene
Xylocopa violacea

Auch wenn ihre Größe ziemlich beeindruckend ist und ihr Flug einen Höllenlärm verursacht, muss man sich nicht vor ihr fürchten. Sie ist ungefährlich.

Japanischer Blauregen
Wisteria floribunda

Trauerrosenkäfer
Oxythyrea funesta

Die Blüte des Apfelbaums ›Königin der Renetten‹ dient zwei »Trauer«-Rosenkäfern als Flitterwochenunterkunft.

Pastel
Isatis tinctoria

Aus seinen Blättern wurde früher natürliches Indigoblau gewonnen.

Schnittlauch
Allium schoenoprasum

Klettenlabkraut
Galium aparine

Beim Gärtnern kaue ich gerne ein paar ihrer frischen Stängel.

Futterwicke
Vicia sativa

Mit ihren kleinen Blüten.

Grünfink
Chloris chloris

Ein Grünfinkpaar kam angeflogen, um erst auf den Blättern des Sumachs herumzustolzieren und sich dann einen Moment lang auf dieser eleganten Silhouette niederzulassen, einem Werk des Bildhauers Alain Kurylo.

Alpenvergissmeinnicht
Myosotis alpestris

Trauerrosenkäfer
Oxythyrea funesta
Die Männchen haben vier kleine Punkte auf dem Bauch.

◆ Knoblauchsrauke
Alliaria petiolata

Mit den nach Knoblauch schmeckenden Blättern dieser Wildpflanze verfeinern wir unsere Gerichte.

Spitzschlammschnecke
Lymnaea stagnalis

Diese zwei Schneckenhäuser, auf die ich beim Umgraben stieß, findet man normalerweise nicht in der Erde. Sie kamen mit dem Schlamm, den ich aus den Teichen geholt und verteilt hatte. Bei lebenden Schnecken sind die Häuser schwarz, und eine Zeit lang waren die Teichinnenwände mit ihnen übersät. Mittlerweile sind sie alle verschwunden.

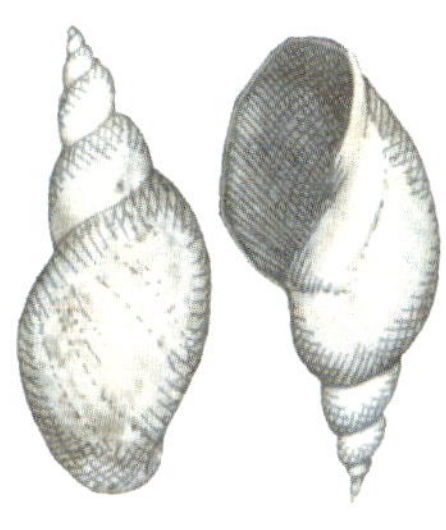

Saat faltiger Zwergerbsen ›Wunder von Kelvedon‹.

Grillen

Fleisch im Garten zu grillen, ist eine relativ neuzeitliche Erscheinung. In der Welt und Kultur meines Großvaters war das noch nicht üblich. Ich warte nicht auf den Sommer, um mit dem trockenen Gartenholz anzugrillen. Jedes Jahr halte ich vorher meine eigene kleine Duft- und Klangzeremonie ab. Wenn die Glut so weit ist, räuchere ich auf dem Grill einen Zweig Rosmarin für den Duft und einen Zweig Lorbeerkirsche für das festliche Knistern. Hätte ich die entsprechende Gabe dafür, könnte ich aus diesem Prasseln die Zukunft ablesen – das nannte man in der Antike Daphnomanzie. Die angebrannten Zweige sind außerdem praktisch, um den Grill zu desinfizieren. Danach machen es alle, wie sie wollen. Es gibt nur eine Grundregel: Die Würstchen werden nicht angestochen!

Graue Gartenwanze
Rhaphigaster nebulosa
Eine mit ihr fast identische asiatische Art besiedelt seit kurzem die Gärten – die Marmorierte Baumwanze oder auch Stinkwanze (*Halyomorpha halys*), deren weiße Flecken am äußeren Rand dreieckig sind.

Echter Widderbock
Clytus arietis
Dieser Käfer steckt nicht nur voller Energie, sondern hat auch noch einen Trumpf: Er schmückt sich mit den Farben der Wespe!

Brautgeschenkspinne
Pisaura mirabilis
Auf dem Blütenblatt einer Schwertlilie hockt eine Spinne, deren Name sich daraus ergibt, dass den Weibchen bei der Paarung eingesponnene Beute geschenkt wird.

Madame Amseline brütet. Tino macht weiterhin die Aufsicht. Das Amselmännchen habe ich Tino genannt, weil er mich mit seinem schwarzglänzenden, wie mit Haargel gestylten Gefieder, seinem lauten Ruf eines Schönlings und seiner Art, sich aufzuspielen, an die Protagonisten alter italienischer Filme erinnert.

Das Weibchen macht nicht die ganze Arbeit. Auch er hat seinen Job: Wenn sie zum Fressen herauskommt, postiert er sich auf der Mauer so, dass er mit einem Auge das Nest mit den Eiern und mit dem anderen seine Gefährtin im Blick hat. Er verjagt jeden unliebsamen Vogel aus dem Garten, duldet höchstens ein paar harmlose Meisen und hat heute Morgen die junge graue Nachbarskatze erfolgreich in die Flucht geschlagen. Madame Amseline und ihr Tino schrien im Chor, während er sich flügelschlagend und mit aufgestelltem Schwanz auf den Eindringling stürzte. Ein unfassbarer Aufruhr!

Duftjasmin
Jasminum polyanthum

Gerippter Brachkäfer
Amphimallon solstitialis
Ich fand ihn tot unter einem Haufen von trockenem Laub.

Als ich im Februar 2003 von einer Marokkoreise zurückkehrte, fasste ich auf dem Rückweg vom Pariser Flughafen über die kalte, verregnete Autobahn einen Entschluss: Ich werde eine Palme (*Trachycarpus fortunei*) pflanzen, um dem Garten etwas Leichtigkeit zu schenken und mir eine immergrüne Erinnerung an weite Reisen.

Ich habe sie im Rondell des Mittelgangs platziert, da für mich sofort klar war, dass sie einen angemessenen Platz im symmetrisch angeordneten Garten verdiente. Somit war es keine sonderliche Überraschung, als ich Jahre später auf einem Foto aus den dreißiger Jahren entdeckte, dass an exakt derselben Stelle damals schon eine Palme gestanden hatte!

Es gibt viele Palmen in der nahegelegenen Garnisonsstadt, da sie anscheinend von den Militärs aus dem chinesischen Bergland und Indochina eingeschleppt wurden. Laut meiner Recherche ist das ein Mythos, und diese Pflanze war in der Zwischenkriegszeit in ganz Frankreich einfach sehr in Mode.

Chinesische Goldrose
Rosa hugonis

Zum ersten Mal wurde die Rose 1899 nach Europa importiert. Es waren Stecklinge vom Ufer des Gelben Flusses in China. Heutzutage soll man keine Pflanzen ohne Genehmigung der Gesundheitsbehörden aus fernen Ländern mitbringen. Ich bekenne mich schuldig, habe aber immerhin darauf geachtet, dass es sich um keine invasive Art handelt.

Maiglöckchen
Convallaria majalis

Dieses Jahr am 18. März in Blüte.

Kriechender Günsel
Ajuga reptans
›Atropurpurea‹

Distelfink
Carduelis carduelis
In der Palme.

1919

Der Garten der Wäscherinnen

Dreißig Jahre lang waren Haus und Garten vermietet. Dann wiederholte sich die Geschichte von 1869, und auch die Schwester und alleinige Erbin von 1904 entschied, das Haus zu verkaufen.
Jean, der neue Hausbesitzer, kam aus dem Burgund. Danach lebte er als Unteroffizier eines Chefs der Waffengarnison in Dijon. Eugénie wurde nicht einmal fünfzig Kilometer vom Haus entfernt geboren. Ich kann mir vorstellen, dass sie sich begegnet sind, als Jean an der Militär-Reitakademie in der nahegelegenen Stadt ausgebildet wurde, da sie 1883 vor Ort heirateten. Ich kann mir außerdem vorstellen, dass Madame Eugénie nicht die Absicht hatte, ihrem Mann von Stadt zu Stadt hinterherzuziehen, sondern es vorzog, in der Nähe ihrer Eltern zu wohnen.
1904 waren Frauen verwaltungsrechtlich ihren Männern untergeordnet. Daher musste Eugénies Vater sie am 27. September desselben Jahres zum Notar begleiten, um, ausgestattet mit einer Vollmacht des in Dijon verbliebenen Jean, die Summe von 6.250 Francs »in der gültigen Währung« für die Übernahme von Haus und Grundstück zu hinterlegen. Eine Transaktion von Männerhand zu Männerhand. Monsieur Jean blieb keine Zeit, sich an Haus und Garten zu erfreuen. Er starb vorzeitig. Die mit einundvierzig Jahren verwitwete Eugénie und ihre fünfzehn- und zwanzigjährigen Töchter Suzanne und Baptistine lebten fortan allein von ihren Frauenhänden, mit denen sie die Schmutzwäsche anderer Leute wuschen. Sie boten Wäsche- und Bügeldienste an. Sie bügelten mit Wasserdampf im kleinen Häuschen und wuschen die Wäsche im Brunnen, im Strahl der Pumpe und in den Teichen. Vielleicht gingen sie auch mit anderen Wäscherinnen zum Fluss. Infolge der Zufälle und Notwendigkeiten des Lebens blieben Haus und Garten von diesem Moment an in ein und derselben Familie, meiner Familie.

Die einzige materielle Erinnerung an Monsieur Jean ist eine kleine Fechterstatue, verstümmelt durch einen fatalen Sturz durchs Treppenhaus.

Das Wäscherinnentrio vor der Wasserpumpe im Garten im Jahre 1919. In der Mitte Madame Eugénie, zu ihren Seiten Mademoiselle Suzanne und deren Schwester Baptistine.

Etikett aus einer Holzschachtel, die durch ein mir rätselhaftes Wunder im Keller geblieben war. Sie enthielt blaue Pastillen zum Wäschebleichen. Rechts ein Teil des Kaufvertrages.

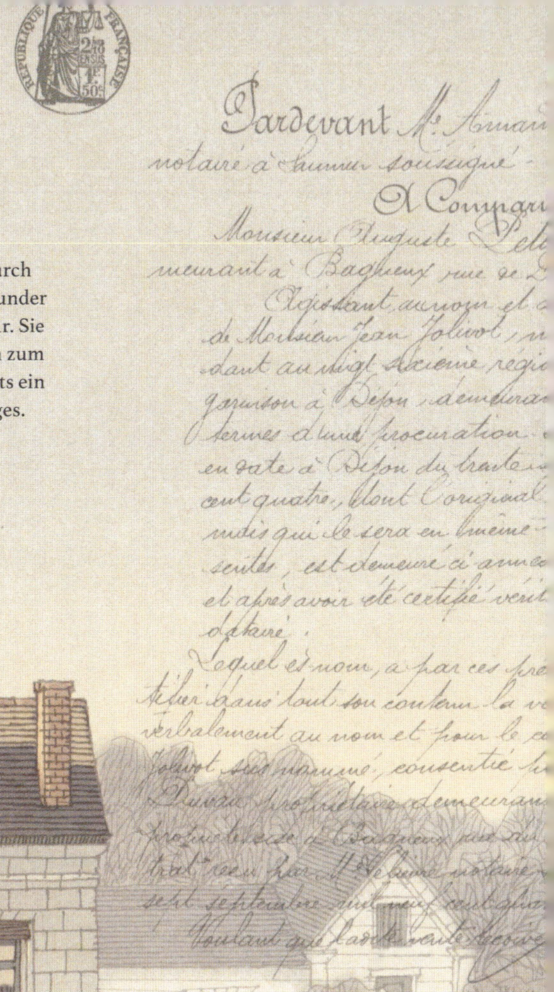
Pardevant Me Amau
notaire à Saumur soussigné
A Comparu
Monsieur Auguste
demeurant à Bagneux rue

Die Eimer und Wannen waren früher aus Zink und daher ziemlich schwer. Dafür sind sie langlebig! Zwei von ihnen sind noch heute im Garten.

Mauergänseblümchen
Erigeron karvinskianus

Montmorency-Sauerkirsche
Prunus cerasus

Erdbeere
Fragaria

Diese Erdbeeren von der Sorte der weißen ›Anablanca‹ vermehren sich sehr leicht, und ich muss sie begrenzen. Ihr Fruchtfleisch und Geschmack unterscheiden sich von gewöhnlichen Erdbeeren. Zuhause nennen wir sie Tagada-Erdbeeren.

Mai

Schnecken haben mich immer schon fasziniert. Als Kind habe ich Schneckenrennen veranstaltet. Ich klebte den gehörnten Tieren winzige Startnummern auf die Gehäuse, und die schnellste Schnecke bekam am Ende, nach mehreren Runden, Halbfinale und Finale, Olympia-Gold.

In meiner frühen Jugend begann ich mit der Zucht von Schnecken, die zum Verkauf an die Nachbarschaft gedacht waren. Ich verkaufte nicht gerade viele, und mein Abbruch der wenig lukrativen, aber extensiven Tätigkeit setzte Hunderte Schnecken auf einmal frei, mit entsprechend schädlichen, Gott sei Dank nur kurzfristigen, Konsequenzen für den Gemüsegarten. Seither begnüge ich mich damit, sie zu verspeisen. Damit bin ich bestimmt der Letzte, der im Garten Schnecken sammelt, sie mit einer Margarine-Rotwein-Mixtur auf Diät setzt, unter grobkörnigem Salz zum Entschleimen bringt, mit einem duftenden Gemüsefond überbrüht, sie in ihr Gehäuse zurücksteckt und es mit Kräuterbutter verschließt. Im Moment ist nicht ans Sammeln zu denken, da die Schnecken sich mitten in der Paarungszeit befinden. Die Mündung ihres Schneckenhauses, das Peristom, ist noch nicht ausgehärtet. Ich muss noch bis Juli oder August warten.

Die Jugend verzieht immer angeekelt bis bestürzt das Gesicht, wenn ich von diesem Rezept erzähle. Bestürzt über das Fortbestehen mittelalterlicher Methoden in ihrem Umfeld. Ich dachte genau wie sie, als mein Großvater, nachdem er seine Kaninchen fürsorglich großgezogen hatte, an einem Samstag eines an den Löffeln schnappte, es an den Beinen baumelnd aufschlitzte, ausbluten ließ und am nächsten Tag auf einem Teller Erbsen vor uns zerteilte.

Jungschnecken.

Gefleckte Weinbergschnecke

Helix aspersa aspersa

Hier in der Region wird sie auch »Luma« genannt.

Gartenbänderschnecke

Cepaea hortensis

Sobald ihr gelbes Schneckenhaus schwarzgeschnörkelt ist, sind sie nicht mehr im Garten zu finden.

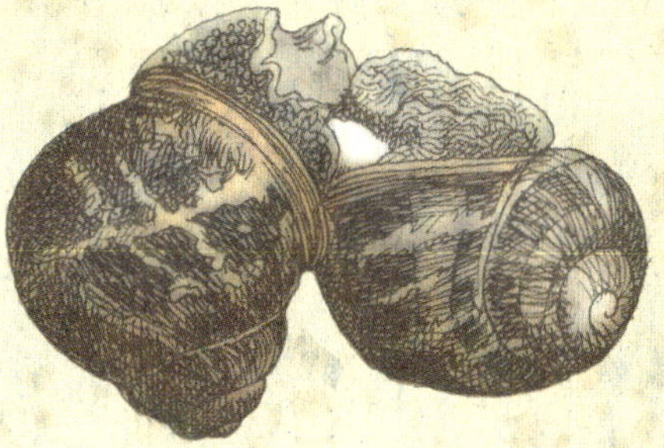

Gefleckte Weinbergschnecken
bei der Paarung.

◆ **Rotfrüchtige Zaunrübe**
Bryonia dioica
Teufelsrübe

Diese wilde Kletterpflanze hat das Telefonkabel schon vor langer Zeit erfunden. Dank ihrer enormen, energiegeladenen Wurzelknolle wächst sie in schwindelerregender Schnelligkeit fünf bis zehn Zentimeter pro Tag.

Großer Kohlweißling
Pieris brassicae

Ansammlung von Raupen des Großen Kohlweißlings auf dem Stängel eines Pastels.

◆ **Ulmenblättrige Brombeere**
Rubus ulmifolius
Die Blüte.

Goldgrüne Waffenfliege
Chloromyia formosa
Wenn ihr Körper goldgrün ist, handelt es sich um ein Männchen. Bei den Weibchen ist er lila, und ihre Augen stehen weiter auseinander.

Kartoffel
Solanum tuberosum
Die Blüte.

◆ **Klatschmohn**
Papaver rhoeas
Nicht jeder Mohn gleicht dem anderen. Mancher hat keine schwarzen Flecken unten an der Krone, ein anderer hat Härchen an der Knospe und rötliche Stängel.

Außerdem in dieser Mohnblüte: eine **Hainschwebfliege** *Episyrphus balteatus*

Tagelang schon lassen die Mohnknospen ihre Köpfe hängen. Doch dann, eines Abends, richtet sich eine wieder auf. Am nächsten Morgen in aller Frühe, noch vor Sonnenaufgang, verliert diese Knospe ihre beiden schützenden Kelchblätter, und ihre Blütenblätter entfalten sich knitternd und recken sich dem ersten Sonnenstrahl entgegen. Im nächsten Augenblick stürzen sich alle Nektarsammler auf die Blütenkrone. Es bilden sich ganze Schlangen! Zur Mittagszeit stehen Stiel und Krone gerade wie eine Eins Richtung Sonne im Zenit und haben etwas weniger Besuch. Am Abend fallen die Blütenblätter schon wieder, entweder wegen des starken Windes oder der starken Hitze, und werden überall verstreut. Am Tag darauf verbleibt ein eleganter Blütenkelch, der wie ein Speicher die Samen für das kommende Jahr bewahrt.

Rote Bete
Beta vulgaris
Diese Pflanze muss pikiert werden.

Waldschabe
Ectobius vinzi
Als junge Nymphe hat sie einen weißen Streifen auf dem Rücken. Ausgewachsen wird sie hellbraun. Dieser kleine Käfer vom Land ist tagaktiv und hat kein Interesse daran, ins Haus zu kommen, anders als sein Cousin aus der Stadt.
◆ **Löwenzahn**
Taraxacum
Pusteblume
Zickzacklinien-Trauerschweber
Hemipenthes morio

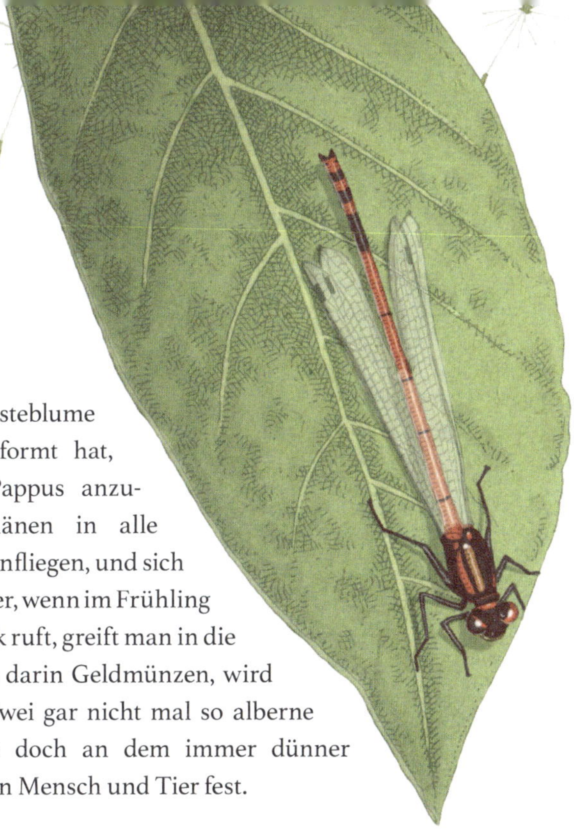

Sobald im Garten eine Pusteblume ihren ersten Bausch geformt hat, ist es Tradition, den Pappus anzupusten, bis seine Achänen in alle Himmelsrichtungen davonfliegen, und sich etwas zu wünschen. Immer, wenn im Frühling das erste Mal der Kuckuck ruft, greift man in die Taschen, und finden sich darin Geldmünzen, wird man dieses Jahr reich. Zwei gar nicht mal so alberne kleine Taten, halten sie doch an dem immer dünner werdenden Band zwischen Mensch und Tier fest.

Als Kinder unserer Generation wurden wir in den Garten oder bis zum Straßenende zum Spielen geschickt und haben dort vor süßer Langeweile an sonnigen Nachmittagen Feuerwanzen gejagt und unsere mal mehr, mal weniger ausgeprägte Vorliebe für Butter entdeckt, indem ein Kind dem nächsten einen Hahnenfuß, die Butterblume, unters Kinn hielt. Das Gelb der Blume reflektierte stark auf unserer jungen Porzellanhaut. Auch wenn es für dieses Phänomen heute eine wissenschaftliche Erklärung gibt, verdient es das Spiel fortzubestehen, allein wegen seiner Schönheit und Magie.

Frühe Adonislibelle
Pyrrhosoma nymphula

Italienischer Aronstab
Arum italicum
Der sichtbare Teil des Blütenstandes besteht aus einem Spadix (dem Gelben in der Mitte), der von einer Art Blütenblatt, der Spatha, umgeben wird. Dieser Aronstab entwickelt eine wirklich seltsame Technik, um bestäubt zu werden und sich vermehren zu können. Er lockt Fliegen an, indem er durch Wärmeentwicklung den Geruch von Fäkalien verbreitet.

Filziges Hornkraut
Cerastium tomentosum
Silberteppich
Er breitet sich aus, wo immer er will, nach Belieben seiner rhizomatischen Streifzüge in den Spalten des Pflasters.

Wasserhahnenfuß
Ranunculus aquatalis
An einem Altarm der Loire gesammelt.

Königskerzenmönch
Shargacucullia verbasci

Diese Raupen sind im Garten ausschließlich auf den Blättern der Königskerzen zu finden. So herrlich bunt sie als Raupen sind, so eintönig braun werden sie als Falter.

Kreuzblättrige Wolfsmilch
Euphorbia lathyris
Springwolfsmilch

Zaunrübenmarienkäfer
Henosepilachna argus

Und seine Larve mit starkem Haarwuchs. Im Norden Europas lebt er ausschließlich auf Zaunrüben, im Süden auf Melonenpflanzen. Er wird auch Elfpunktmarienkäfer genannt. Eigentlich hat er zwölf Punkte, aber die oberen beiden sind fast zu einem zusammengewachsen.

Grüner Scheinbockkäfer
Oedemera nobilis

Nur die Käfermännchen haben diese dicken hinteren Oberschenkel wie Bodybuilder.

Zwerghirschkäfer
Dorcus parallelipipedus

Braune Randwanze
Gonocerus acuteangulatus

Goldfisch
Carassius auratus

Der Blick durch den Garten erfordert höchste Aufmerksamkeit, will man all seine Entwicklungen entdecken. Während ich einen Frosch bei seinem Umzug von einem Teich in den nächsten beobachtete, bemerkte ich im trüben Wasser ein halbes Dutzend graue Goldfischsetzlinge. Die glitzernden Wasserreflexionen hatten gut über ihre Gegenwart hinweggetäuscht. Im nächsten Jahr werden ihre Schuppen in vielen Farben leuchten.

Der Sommer beginnt nicht wie im Kalender angegeben am 21. Juni. Im Garten ist Sommeranfang, wenn wir bei Sonnenschein Sauerkirschen ernten und aus ihnen das erste Clafoutis zaubern können, dieses Jahr also am 27. Mai. Der säuerliche Saft der Kirschen rinnt an den Armen herunter bis zum Bauch, wo es juckt und klebt. Der Sommeranfang wird daher auch traditionell mit einer erfrischenden Dusche unterm Gartenschlauch eingeleitet. Mein jüngster Sohn, mittlerweile kräftig wie ein Bambusspross, hilft bei der Ernte und genießt den belebenden Wasserstrahl.

Montmorency-Sauerkirsche
Prunus cerasus
Für das erste Clafoutis des Jahres.

Damaszenerrosen
Rosa x *damascena*

Die Rosen im Garten stammen aus dem marokkanischen Dadestal. Ich habe sie 2003 mitgebracht, nachdem ich bei der Blütenblätterernte (zur Herstellung von Rosenwasser und Seife) geholfen und das Fest (Moussem) der Rosen in Kelaa M'Gouna gefeiert habe.

Fatima, Boumalne-Dadès, 2003.

Gemeiner Ohrwurm
Forficula auricularia
Ohrenkneifer
Weiße Lilie
Lilium candidum
Stinkende Iris
Iris foetidissima

Weicher Bärenklau
Acanthus mollis
Große Pechlibelle
Ischnura elegans
Bei einem roten Thorax ist es ein Weibchen. Der des Männchens ist immer blau.
Kranzlichtnelke
Silene coronaria

1936
Der Garten des kleinen Jacques

Jede Familie verheimlicht gewisse Episoden des Lebens, insbesondere aus jenen noch nicht lange vergangenen Zeiten, in denen es als sinnlos galt, aus der Vergangenheit zu erzählen oder sich zu offenbaren.

Ende des Ersten Weltkriegs kamen amerikanische Soldaten nach Frankreich. Sie errichteten hier in der Region, längs der stadtnahen Eisenbahnschienen, ein Lager. Die Erzählungen über diese unruhige Zeit beschränken sich darauf, welche unweigerliche Anziehung die Amerikaner auf junge Frauen ausübten, und vice versa.

Niemand weiß mehr, wie sie sich kennengelernt hatten. Unsere einzige Information ist, dass ein Yankee gleich nach Waffenstillstand in sein Land zurückkehrte und Mademoiselle Suzanne ein zunächst immer rundlicher werdendes Andenken daließ: meinen Großvater. Mehr würde ich nie erfahren, da das Thema niemand ansprach.

Auch wenn diese angerissene Geschichte heute wie ein Romananfang wirken mag, war es in den 1920er Jahren für eine Alleinerziehende und ihr uneheliches Kind sicherlich mehr als schwer.

Dieser Terrakottatopf auf seinem Sockel ist noch ein Überbleibsel der dreißiger Jahre, das bis heute im Garten geblieben ist.

Meine ersten Erinnerungen an Großvater Jacques stammen aus den sechziger Jahren. Da war er um die fünfzig Jahre alt. Er trug immer ein Barett, dass ich ihm gerne stibitzte, wenn er abends vor dem Fernseher einschlief. Ich erinnere mich genau, wie der warme Filzring roch, wenn ich vorm Spiegel versuchte, ihn über meinen Kopf zu stülpen: nach Opas Haaren und seinem Lieblingstabak. In meiner Erinnerung trägt er immer seinen Blaumann. Entweder arbeitete er im Garten oder suchte sich woanders etwas zum Werkeln. Andere Beschäftigungen gab es für ihn kaum. Schweigsam wie er war, ging er fast nie aus, und noch seltener lud er Freunde zu sich ein, von denen er ohnehin sehr wenige hatte.

Ich konnte mir lange Zeit nicht vorstellen, dass er einmal jung gewesen war. Für mich hatte er schon immer genau diese Gesichtszüge und dieselben knorrigen, fleckigen, sehnigen Hände gehabt. Bis ich eines Tages ein auf 1936 datiertes Foto fand, auf dem ein Junge posierte, der aussah wie ein Fußballspieler. Wie bitte?! Opa hat Fußball gespielt? Und schon damals hatte er eine Filzkappe auf! Es gab also eine Zeit, in der er glatte, stramme Waden hatte, die er in Kniestrümpfe verpackte, und mit den gleichaltrigen Jungs aus der Nachbarschaft Fußball spielte. Unfassbar!

Der gusseiserne Blumenständer auf dem abgesägten Baumstumpf (nächste Seite) steht noch heute im Garten. In ihm wachsen bloß keine Pelargonien mehr, sondern Mauerpfeffer.

Kranzlichtnelke
Silene coronaria

Der Garten der Wäscherinnen wurde mit Sorgfalt gepflegt, und zum Nutzgarten kam ein Ziergarten hinzu. Auf dieser Zeichnung, die nach dem Vorbild eines Fotos von 1936 angefertigt wurde, ist zu erkennen, dass der alte Teich zugeschüttet und in ein Blumenbeet verwandelt wurde, dass der Hauptgang mit frisch gepflanztem Spindelstrauch gesäumt war und dass dieser von einem kleinen Bogen mit verspiegelter Kugel überragt wurde, die allesamt bis in die Sechziger erhalten blieben. Sportlich und handwerklich geschickt, wie er war, hatte der junge Jacques ein Reck gebaut, um sich im Aufschwung zu üben.

Unten an der Giebelseite der Hauswand ist ein alter Wasserhahn befestigt, der immer noch funktioniert, auch wenn ich ihn nicht mehr benutze. Er ist in den dreißiger Jahren installiert worden, als das Netz der Trinkwasserverteilung von der Stadt auf die Randbezirke ausgeweitet wurde.

Faltenmücke
Ptychoptera contaminata
Paarung auf einem Löwenzahnblatt.

Rote Johannisbeere
Ribes rubrum

Juni

Auch letztes Jahr musste ich Tantchen schon aus dem Teich fischen. Tantchen ist der Name der Krötenkönigin des Gartens. Normalerweise suchen Kröten Wasser vor allem zur Paarungszeit auf. Allerdings kann es auch nach mehreren Tagen anhaltender Hitze passieren, dass sie für eine kleine Abkühlung zum Teich hüpfen. Und Plopp! Tantchen fällt ins Wasser. Kröten können zwar schwimmen, aber ohne einen Rand in erreichbarer Nähe, um sich daran auszuruhen, können sie vor Erschöpfung ertrinken. Wie schon letztes Jahr habe ich Tantchen also mit einem Kescher herausgefischt.

Sie lebt seit vielen Jahren im Garten. Ich weiß nicht, wo sie überwintert hat, kenne aber ihr Sommerquartier. Sie hat es an einer unteren Ecke der Hauswand aufgeschlagen, an die sich fast nie ein Sonnenstrahl verirrt, direkt unterm Wasserhahn für den Gartenschlauch. Das punktuelle Tröpfeln von einem kleinen Wasserleck garantiert ihr im Sommer permanent die rettende Feuchtigkeit. In unerträglich heißen Nächten höre ich sie aus ihrem Versteck kommen und beobachte ihren schweren Gang über das Pflaster vorm Atelier.

Ich ekele mich nicht vor Kröten. Sie sind tolle Gesellschaft, weder laut noch unangenehm, und eine große Hilfe beim Eindämmen der stark vermehrten Schnecken. Sie pinkeln nicht in meine Hände, wenn ich sie hochhebe, sie schießen einem auch keinen Urinstrahl in die Augen, wie es in einem Märchen aus meiner Kindheit hieß, und von ihren Warzen bekommt auch niemand Ausschlag. In der Grundschule hatte ich das Glück, diesen einen Lehrer zu haben, der lange Haare trug, Gitarre spielte und einen Citroën Méhari fuhr. Er hatte für unser Klassenzimmer ein Terrarium organisiert. Darin konnte man ein schönes handgroßes Weibchen mit ihren Jungen beobachten, an die wir uns schon bald gewöhnten. Seitdem habe ich besonderen Respekt vor Kröten und unkonventionellen Lehrern.

Nur wirklich schwere Bienen und ein paar dicke Hummeln können es mit seinem Kelch aufnehmen und seine Krone herunterdrücken, um an die Pollen eines Akanthus zu gelangen. Im Inneren tragen vier kleine Bürstenarme dem Insekt die Pollen auf.

1. Äußeres Kelchblatt
2. Stylus
3. Staubblätter
4. Kronblatt
5. Tragblätter
6. Inneres Kelchblatt

Weicher Akanthus
Acanthus mollis
Blüte.

Beim Studieren der Insekten aus dem Garten muss ich feststellen, dass ungefähr ein Viertel meiner gezeichneten Insekten im Nordosten Frankreichs nicht einmal existierten, als ich ein Kind war. Keine Chance, sie beim Spielen im Garten zu entdecken. Die Beschleunigung von internationalem Wirtschaftshandel und Klimawandel verändert gerade, ohne dass wir es merken, ein kleines Fleckchen Erde und sein Ökosystem.

Echtes Johanniskraut
Hypericum perforatum
In Blüte.

Mittelmeererdkröte
Bufo spinosa

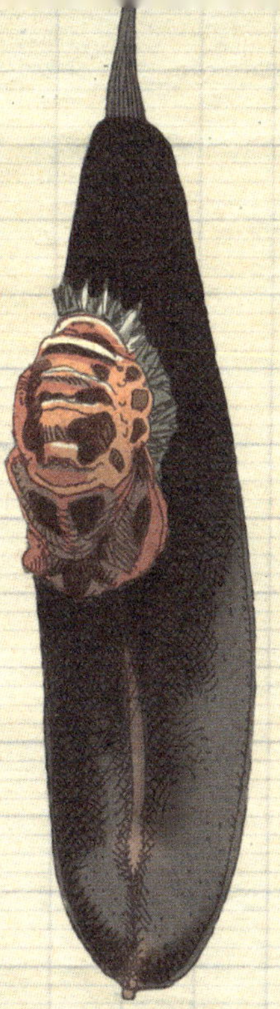

Marienkäferpuppe auf der Schote eines Pastels. Die Puppe, auch Präpuppe genannt, ist das Stadium zwischen der Larve und dem ausgewachsenen Marienkäfer.

Ich meine, bis dato waren alle Kroten im Garten von der Art *Bufo bufo*. Tantchen aber könnte mit ihren schönen tiefroten Augen, den unzähligen Pusteln auf ihrer Haut, der Länge von zwölf Zentimetern und noch ein paar weiteren Besonderheiten durchaus auch eine Mittelmeererdkröte sein (*Bufo spinosa*). Diese Unterart ist vor allem im Westen Frankreichs zugegen und wird erst seit Kurzem als eigene Art aufgeführt.

Pastel
Isatis tinctoria

Stahlblauer Grillenjäger
Isodontia mexicana

Diese komplett schwarze, ungefährliche Wespenart tauchte in den sechziger Jahren zunächst in Südfrankreich auf und konnte sich dank der Hitzewelle von 2003 auch im Norden ausbreiten.

Rothaarbock
Pyrrhidium sanguineum

Zitronengelbe Taglilie
Hemerocallis citrina

Entwickelt sich stetig, seit ich ihre Wurzel aus der ländlichen Gegend von Sichuan, China, geholt habe, wo sie in ihrer natürlichen Umgebung vorkommt.

◆ **Klebkraut**
Galium aparine

Weinraute
Ruta graveolens

Ihr absolut ungewöhnlicher Duft erinnert ein bisschen an Jahrmarktgerüche. Hierzulande sollte sie nicht zum Verzehr gesammelt werden, da sie ab einer bestimmten Dosis giftig wird. Ich erinnere mich allerdings, in den Straßen Äthiopiens Weinrautenkaffee getrunken zu haben.

Gebänderte Prachtlibelle
Calopteryx splendens

Exuvie der Seejungfer
Abgeworfene Hülle nach der Häutung.

Ferris Schachtelhalm
Equisetum x ferrissii

Als ich das erste Mal den Seerosenteich entschlammte und im Matsch diese hässlichen schwarzen Larven entdeckte, die wie Miniaturversionen der Kreatur aus *Alien* aussahen, wurde mir ganz anders.
Doch als ich einige Jahre später herausfand, was aus den Bestien einmal werden würde, war ich ganz hingerissen. Aus dieser wirklich unansehnlichen Larve wird das eleganteste Wesen des Gartens, solange meine Liebste gerade nicht anwesend ist: Eine Libelle, genauer gesagt eine Seejungfer.
Und immer, wenn ich jetzt an einem Schachtelhalm einen abgeworfenen Kokon der Larve entdecke, stelle ich mir seine Besitzerin vor, frisch befreit von ihrem Unterwasserpanzer und luftig-leicht Richtung Himmel flatternd.

Gemeiner Bienenkäfer
Trichodes apiarus

Aschenpflanze
Jacobea maritima

◆ **Ackerwinde**
Convolvulus arvensis

Mein Freund Pascal schenkte mir einen Granatapfel als Topfpflanze und erzählte mir die dazugehörige Geschichte:
»Wir waren vor zwei Jahren auf Kreta in einem Dorf, das wie aus einer anderen Zeit schien, mit seinen über den Berghang ragenden Häusern oder vielmehr Ruinen, die die Massenabwanderung aus dieser Gegend bezeugten. Wir machten gerade Pause auf einem Platz, als eine kleine ältere Dame – mit unbestimmbarem Alter und schwarzem Kleid – uns von unten aus ihrem Garten ein paar Granatäpfel zuwarf. Ich habe die Samen entnommen und sie eingepflanzt, woraus dann diese jungen, vielversprechenden Büsche wurden.« Jetzt muss ich mir nur noch gut überlegen, wo ich ihn im Garten platziere. Wer weiß, wie groß er in zehn Jahren sein wird …

Granatapfel
Punica granatum

Schwalbenschwanz
Papilio machaon
Auf dem Stiel einer Dille, seiner Wirtspflanze.

Syrische Seidenpflanze
Asclepias syriaca

Gymnosoma rotundatum

Insekt, das sich von Wanzenlarven ernährt und aussieht wie eine Chimäre: vom Oberkörper her eine Fliege, im Unterleib ein Marienkäfer.

◆ Kleinblütige Königskerze

Verbascum thapsus

Dieses Jahr misst der höchste Blütenschaft 2,10m und schlägt damit alle bisherigen Rekorde.

Goldgarbe

Achillea filipendulina

Schachbrettmarienkäfer

Propylea quatordecimpunctata

Winzigkleiner Marienkäfer, auch »Vierzehnpunkt-Marienkäfer« genannt.

Ackerschwarzkümmel

Nigella arvensis

Diese blaue Wildpflanze stammt aus dem Mittelmeergebiet, hat sich aber mittlerweile gut in den kalkhaltigen Böden im Nordosten eingewöhnt. Nicht zu verwechseln mit dem Acker-Schwarzkümmel, der mehr Blütenblätter hat.

Die Wurzeln der Seidenpflanze habe ich aus einem verlassenen Garten ausgebuddelt und sie mit der Mission betraut, mir einmal ihre einzigartigen Früchte zu schenken, die wie kleine Wellensittiche aussehen. Ohne allzu große Hoffnung gab ich ihr noch den Auftrag, die Raupe des fabelhaften Monarchfalters zu beherbergen.

Bis jetzt nichts von alledem, nur stinkende, entstellte Blütenkugeln, ausgelöst durch Scharen von gelben Blattläusen, die sich dafür extra von ihren Johannisbeersträuchern abgewandt haben. Dort verursachen sie normalerweise Pusteln auf den Blättern oder dienen Marienkäfern als feines Fresschen.

Wenn feindliche Biester die Wurzeln der Seidenpflanze attackieren, sondert sie nicht etwa Giftstoffe ab, sondern Lockstoffe, um freundliche Biester zu ködern, die ihre Feinde verputzen. Eine pazifistische Pflanze!

Zwei Amselküken haben ihr Nest verlassen. Nachdem Tino und seine Amseline die erste Brut blauer Eier im Schuppen zurücklassen mussten, weil dieser für die Katzen so leicht zugänglich war, errichteten sie ein neues Nest oben im großen Lorbeer, auf den nicht einmal die wendigsten Katzen gelangen.
Dort brütete bereits eine Turteltaube. Ich fand ihre beiden weißen Eier am Boden, eines zerbrochen, das andere intakt. Womöglich rutschten sie durch die Nestmaschen, da Turteltauben die Zweige beim Nestbau grob schichten und nicht winden.
Die Amselküken sind pummelig und ihre Flügel zerbrechlich. Sie verbringen den Großteil ihrer Zeit am Boden und hopsen in kleinen Sprüngen. Bei Gefahr schaffen sie es wegzufliegen, doch die Flucht ist kurz und chaotisch. Also wachen Tino und Amseline jederzeit über ihre Sprösslinge.

Amsel
Turdus merula
Jungvögel.

Mönchsgrasmücke
Sylvia atricapilla

Blutpflaume
Prunus cerasifera
›Pissardii‹

Mönchsgrasmücke
Das Haupt des Weibchens ist braun.

Ei der **Türkentaube** (*Streptopelia decaocto*)
Im Größenvergleich zu einem Amselei und einem Ein-Euro-Stück.

Heute Mittag ertönte zum zweiten Mal innerhalb von drei Tagen Tinos Warnschrei, ein schnelles, repetitives »Tö-tö-tö-tö«. Ich lief zu ihm hinüber, und er kam auf mich zu. Normalerweise fliegen Vögel nicht in Richtung Mensch, eher im Gegenteil! Er stellte sich vor meine Füße und sah zu mir hoch, aufgebracht zeternd. Tatsächlich sah ich weiter hinten unterm Blumenrohr schon wieder einen Katzenschwanz. Ich verscheuchte den Grund für dieses Tamtam, und Tino begab sich zurück auf seinen Wachposten.
Jetzt bin ich ganz sicher, dass Tino mit mir kommuniziert. Ich wollte diese Geschichte erst nicht erzählen. Man wird denken, ich sei durch den verlängerten Gartenarrest nicht mehr ganz bei Verstand, und mich bald nur noch Franz von Assisi nennen …

Saint-Pierre-Tomaten und Rüben »Boules d'or«

1947

Der Garten als Jacques' Nährboden

Großvater verbrachte sein ganzes Leben im Garten, abgesehen von den vierziger Jahren. Da er im September 1939 noch zu jung für den Krieg war, ging er das Jahr darauf in ein Jugendarbeitslager (CJF) in der Provence und später in den Pflichtarbeitsdienst (STO), zuerst in Brest, dann in einer Webmaschinenfabrik in der Nähe von Düsseldorf. »Er kam dermaßen abgemagert und mit Skorbut zurück, dass ich ihn am Bahnhof fast nicht wiedererkannt hätte«, erzählte Gillette, die er im August 1941 geheiratet hatte. Nach dieser schwierigen Zeit der Entzweiung mussten die Frischvermählten, wie man damals zu sagen pflegte, »die verlorengegangene Zeit nachholen«. Dem wurde so gut Folge geleistet, dass 1946 ein erstes Kind zur Welt kam und drei Jahre später noch ein Junge.

1947 kaufte Jacques das Haus von seiner Mutter Suzanne, die zu ihrem Ehemann gezogen war und nur darauf bestand, dass ihre Mutter Eugénie und ihre Schwester Baptistine im Haus wohnen bleiben durften bis an ihr Lebensende. Dieses fatale Schicksal ließ nicht lange auf sich warten. Jacques richtete sich somit nochmal neu im Haus ein, diesmal ohne die Wäscherinnen und dafür mit Frau und Kind.

Die Lebensbedingungen kurz nach Kriegsende waren nach wie vor schwierig. Jacques baute alles an, was es brauchte, um kein Obst oder Gemüse mehr kaufen zu müssen. Er züchtete Hasen und Hühner. Jeden Abend seines Lebens verbrachte er demnach mit Umgraben, Durchharken, Säen, Jäten, Pflanzen und Stutzen, um zwei magere Gehälter aufzubessern, die eines Werkzeugschleifers und einer Näherin. Wenn sie nicht gerade die Reithosen für die Kavallerie-Akademie maßanfertigte, dann war Gillette immer damit beschäftigt, die eigene Kleidung oder die ihrer Kinder zu stricken, flicken, kürzen oder verlängern.

Kirschenernte 1950.

Im Garteneingang an der Giebelseite des Hauses versammeln sich eines Sommertages 1946 vier Generationen. Von den drei Wäscherinnen leben zwei noch im Haus: Madame Eugénie und ihre Tochter Baptistine. Suzanne hatte sich einen Mann gesucht. Ihr Sohn Jacques, ihre Schwiegertochter und ihr Enkelkind würden das Grundstück bald endgültig übernehmen.

Japanspindel

Euonymus japonicus ›Microphyllus‹

Die kleinblättrigen Spindeln wurden kurz vor dem Krieg als Wegsäumer gepflanzt. In den neunziger Jahren musste ich sie umpflanzen. Sie haben schnell neue Wurzeln geschlagen. Allerdings werden sie gelegentlich von einem Pilz befallen. Manchmal, wenn ich sie sehr kurz zurückschneide, rappeln sie sich wieder auf.

Ackergänsedistel
Sonchus arvensis

Wenn sie gelb und zart sind, mische ich ihre Blüten und die des Löwenzahns unter meinen Kopfsalat.

Pflaume
Prunus domestica

Unreife Pflaumen.

Nickende Distel
Carduus nutans

Mit Bedacht darauf, dass er sich nicht vermehrt, behalte ich gerne einen Distelbusch im Garten. Dieses Jahr sollte ich nur seine piksende Rosette zu sehen bekommen. Seine Blüte wird er wohl im nächsten Jahr erst zeigen.

Stachelbeere
Ribes uva-crispa

Nächste Seite:

Jakobskrautbär
Tyria jacobaeae
Blutbär

Beim Unkrautjäten aufgescheuchter Nachtfalter.

Juli

In diesem Jahr zähle ich acht Frösche in den Teichen. Sie genießen das schöne Leben, verbringen ihre Nachmittage mit Sonnenbaden und stecken ab und zu auch mal den Kopf ins Wasser, wenn ich in ihre Nähe komme. Aus besonderen Anlässen, die nur sie kennen, und von denen ich denke, sie müssen etwas mit Tinder zu tun haben, veranstalten sie an regnerischen Tagen ein Kennenlernen zwischen den verschiedenen Teichen. Die Nachbarn haben Glück, denn sie sind dabei meist rücksichtsvoll: Gequakte Morgenständchen nicht vor Sonnenaufgang, nur vereinzelt Serenaden bei Sonnenuntergang und das alles nicht viel lauter als die entnervten Pfiffe von Amsel Tino.
Bis zu der warmen, windstillen Sommernacht, in der zwei Männchen im Zenit ihrer Kräfte in einem lautstarken Quakduell bis zum Umfallen entscheiden wollten, wer der Stärkste ist, angeheizt vom Gequake der Konkurrenz aus dem benachbarten Fluss.
Um weiter mit offenen Fenstern schlafen zu können, musste ich mich am Morgen für eine radikale Maßnahme entscheiden. Mit einem Kescher und viel Geduld fing ich die beiden Männchen ein und setzte sie in der Uferböschung am Ende der Straße aus.

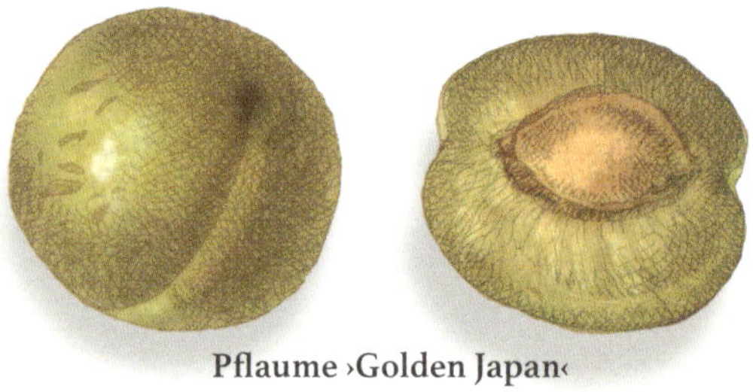

Pflaume ›Golden Japan‹
Prunus domestica

Gemeiner Wasserläufer
Gerris lacustris

Sie können dank der hydrophoben Härchen an den Beinen übers Wasser laufen.

Seerose ›Fabiola‹
Nymphaea

Froschbiss
Hydrocharis morsus-ranae

Mit seinen kleinen weißen Blüten.

Goldfliege
Lucilia sericata

Die Fliege ist goldgrün.

Teichfrosch
Pelophylax kl. esculentus

Westliche Keiljungfer
Gomphus pulchellus

Teichfrosch
Pelophylax kl. esculentus

Die Farbe der Frösche ist hauptsächlich grün, manchmal sind sie aber auch komplett grau, braun oder mehrfarbig.

Die Frösche verlassen ihre Teiche oft nachmittags. Vorsichtig wie sie sind, strecken sie zuerst den Kopf aus dem Wasser, kontrollieren die Umgebung und gleiten mit nur einem eleganten Schwimmzug ans Ufer. Mit einem Flossenschlag befördern sie sich auf den Rand, kontrollieren die Umgebung und drehen augenblicklich wieder um. Ein Frosch außerhalb seines gewohnten Elements bleibt immer zum Wasser hin ausgerichtet, um sofort wieder abzutauchen, sobald er die leiseste verdächtige Bewegung wahrnimmt.

Zypergras
Cyperus alternifolius
Topfpflanze, die ich im Winter ins Haus hole.

Junger Frosch des Jahres.

Gemeine Wespe
Vespula vulgaris
Nur das Weibchen besitzt einen Stachel.

Brombeerspinner
Macrothylacia rubi
Der behaarte Bauch der Raupe des Falters.

Grünes Heupferd
Tettigonia viridissima
Hier als Weibchen. Unterhalb der Flügel besitzt sie ein langes Organ zur Eiablage, die Legeröhre.

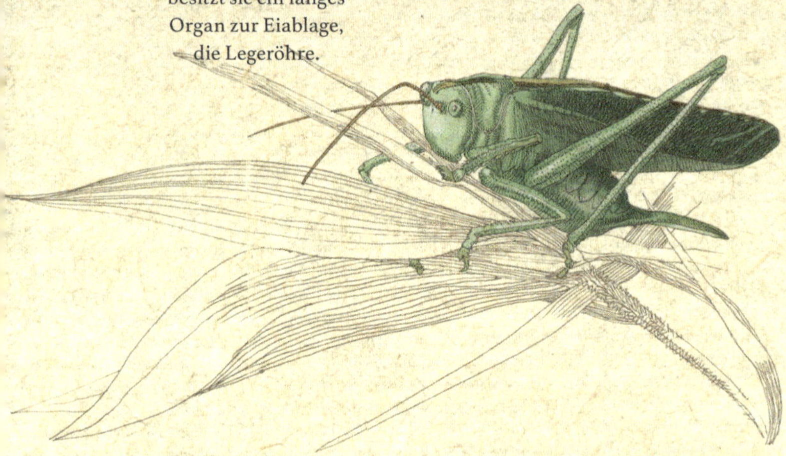

Prachtkerze
Oenothera lindheimeri

Purpurprunkwinde
Ipomoea purpurea
Die Samen stammen aus dem Dorf Fuyihe am Ufer des Gelben Flusses. Ich war überzeugt davon, die Pflanze müsse dort heimisch sein, das chinesische Pendant zu unserer Zaunwinde. Eine schnelle Recherche ergab, dass sie tatsächlich woanders heimisch ist … in Mexiko! Jemand aus Fuyihe hat also getan, was alle tun, einen Sack Samen gekauft!

Blaugrüne Mosaikjungfer
Aeshna cyanea

Frisch entpuppt hockt sie auf dem Teichrand. Ich konnte ihren ersten Flug beobachten, für den sie zuerst einige Minuten lang ihre Flügel aneinanderschlagen musste, um sie zu entfalten.

Als ich aus der Tür auf die Freitreppe trat, sah ich hoch oben im Sumach das erste Mal in meinem Leben dieses so unfassbar leuchtende Gelb, dass ich zuerst dachte, die Sonne spiegele sich in meinen Brillengläsern. Ich werde ihn vermutlich niemals überraschend im Garten antreffen, so zurückhaltend wie er ist. Er zieht im Herbst nach Afrika und im Frühling ins ländliche Europa, wo er nächtliche Flugrunden dreht und in Baumwipfeln rastet. Den ganzen Tag lang war ich noch ganz überwältigt, ihn wirklich getroffen zu haben, den … Pirol!

Dach-Hauswurz
Sempervivum tectorum

In Blüte. Scheint die Varietät subsp. *arvenense* zu sein, also aus der Auvergne stammend.

Pirol
Oriolus oriolus

Schöner Ampfer
Rumex pulcher
Vertrockneter Blütenstand.

Segelfalter
Iphiclides podalirius
Er lebt auf der Schlehe im Garten.

Gewöhnliche Siegwurz
Gladiolius communis
Vertrocknete Blumen am Stiel.

Gemeine Sumpfschwebfliege
Helophilus pendulus

◆ **Rainkohl**
Lapsana communis
Vertrocknete Kapseln.

Ich gewöhnte mir an, sobald ich aus dem Atelier kam, um mir die Beine zu vertreten, den Garten eingehend mit Blicken zu durchkämmen. Seitdem bemerkte ich Dinge, auf die ich in den letzten Jahren nicht aufmerksam geworden war. Aus dem Augenwinkel erspähte ich am Nektarinenbaum im Hof einen hellen Schmetterling. Ich dachte zuerst an einen der drei oder vier Kohlweißlinge, die zu dieser Tageszeit öfter umherflattern, aber irgendetwas machte mich stutzig. Also ging ich ihn mir genauer ansehen.
Und der Schmetterling entpuppte sich als Segelfalter. Unter seine ruckartigen Flugbewegungen mischte sich immer mal wieder ein Moment im Gleitflug. Diese Eigenart hatte mich unbewusst neugierig werden lassen.

Anomalien bei
der Tomaten- und
Kartoffelernte.

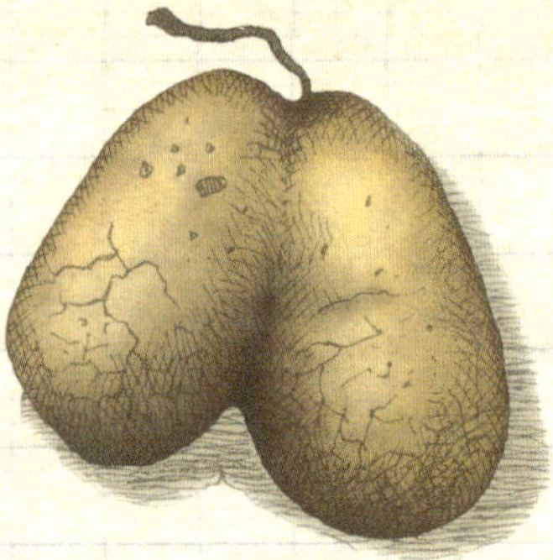

Gewöhnliche Akelei
Aquilegia vulgaris
Balgfrüchte und Samen.

Borstige Dolchwespe
Scolia hirta
Auf den Blättern
von Roter Bete.
Im Hintergrund
Stangensellerie.

◆ **Kohllauch**
Allium oleraceum

Ein Dutzend Borstige Dolchwespen fliegen auf einem Quadratmeter Fläche wild durcheinander. Ich frage mich, aus welchem Grund sich diese ansonsten ruhige, harmlose Wespenart ausgerechnet diesen Fleck des Gartens ausgesucht hat. Eine Faunazeitschrift liefert mir die Antwort: Sie durchwühlen die Erde nach Rosenkäferlarven. Wenn sie eine finden, betäuben sie sie mit dem Stachel und legen ihre Eier in der Larve ab.
Tatsächlich lag in diesem Teil des Gartens zwei Jahre lang ein Haufen Pflanzenabfälle, und als ich ihn Ende letzten Winters entsorgte, fand ich eine Menge weißer Rosenkäferlarven.

Goldglänzender Rosenkäfer
Cetonia aurata

Im Januar steckte ich ein paar Rosenkäferlarven in ein Einmachglas mit Erde und verstaute es in der Fahrradgarage. Die letzten Monate über hielt ich den Inhalt stets feucht, und ich sah gestern hinein: Die Würmer haben sich aus der Erde und winzigen organischen Abfällen eine Schale gebastelt. Diese bedeckt sie bei ihrer langsamen Verpuppung vom Stadium der Nymphe (Larve) bis zum erwachsenen Stadium, in dem sie als goldgrüne Insekten davonfliegen können.

Seit 1963 erledigte Jacques das Umgraben seiner Anbauflächen mit Hilfe einer blassblauen Einrad-Gartenfräse. Die Maschine machte mir Angst, weil sie für mich aussah wie ein riesiges Insekt. Im Jahr 1969, zusammen mit dem »großen Schritt für die Menschheit«, machte Großvater den ersten Schritt auf die weiche Erde, die eine rote Motorhacke hinterlassen hatte. Diese war leichter und weniger wackelig, und so stieg er auf diese um, pflegte sie, wechselte jedes Jahr einmal das Öl, tankte sie wieder voll und vermerkte all das auch in einem Gartenheft.

Vielleicht hatte er vorher schon eins geführt, aber die, die ich behalten konnte, beginnen im Januar 1963.

Er notierte darin Datum, Beschaffenheit und vereinzelt den Ort zu jedem Säen, Pikieren und Setzen. Und er gab immer die Art an. Zu dieser Zeit sagte niemand einfach »Lauch«, sondern »Bleu Solaize« oder »De Carentan«. Wir aßen auch keinen »Salat«, sondern »Chicoree d'Anjou« oder »de la Blonde«. Die Büchlein enthalten weder Gemütszustände noch Geheimnisse, sie sind rein funktionell. Es steht höchstens mal eine Null am Ende einer Zeile, um die Ernte als mittelmäßig zu bewerten, oder eine Anmerkung wie »zu spät gepflanzt«. Diese Hefte sollten, abgesehen von einer Bestandsaufnahme, vor allem als Hilfe für zukünftige Anbauvorhaben dienen.

Der Fortschritt zog in den Haushalt ein. 1970 kam das Fernsehgerät und im Jahr darauf eine Farbkamera. 1975 zog die Toilette aus dem Garten in eine Kammer neben der Küche. Adieu, lästiger Nachttopf! Und schließlich das Telefon, das einen Ehrenplatz neben dem Büffetschrank erhielt. »Seit dem ersten März 1977 haben wir das Telefon. Ich fühle mich weniger allein, weil ich weiß, dass am Ende der Leitung jemand ist«, schreibt Gillette in ihrem Tagebuch. Endlich waren die Zeiten vorbei, in denen sie bei Notfällen zum Annehmen oder Absetzen eines Anrufs zu den Nachbarn musste. Ein unangenehmer Gang, bei dem sie immer wahnsinnig darauf bedacht gewesen war, niemanden zu stören.

Großmutter hatte auch ein Heft. Wie es sich für eine vor dem Krieg geborene Hausfrau gehörte, notierte sie darin Rezepte und alle Haushaltsausgaben mit unterstrichenem Gesamtbetrag am Monatsende. Im Gegensatz zu ihrem Ehemann vertraute sie sich dem Heft manchmal an, und sie schrieb für ihn die Gartentipps mit, die sie bei Radio Luxemburg hörte.

»Bleu Solaize«-Lauch

»Gotte«-Kopfsalat

Kiki, die Katze, auf dem Sessel im Esszimmer, von Jacques auf der Rückseite seines Gartenhefts gezeichnet.

Hacken

Ich bewahre im Keller ein paar alte Gartenutensilien auf, die über etliche Jahrzehnte hinweg genutzt worden sein müssen, wenn man sich ihr abgenutztes, schartiges Metall so ansieht. Die gleichen Utensilien, bei denen ich mir schon so lange vornehme, sie zu schleifen und mit einem Holzstiel auszustatten. Die Jahre vergehen zu schnell.

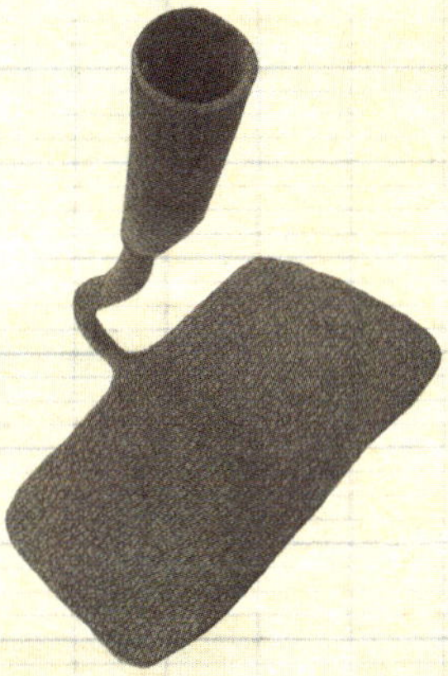

Aus ihrer Einsamkeit wurde abgrundtiefe Trauer, als 1965 ihr jüngster Sohn seiner Krankheit erlag. Ein unsichtbarer Schleier des Todes bedeckte Haus und Garten. Eine ausweglose Trauer durchtränkte die Räume gemeinsamer Erinnerung bis in die letzte Ecke. Hinter einem zurückhaltenden Lächeln blieb meine Großmutter jede Minute für den Rest ihres Lebens den Tränen nahe.

Am Ende des Gartens stehen Hühner- und Kaninchenställe. Davor werden grüne Bohnen geerntet.

Birnbaum

Pyrus communis

Im hinteren Teil des Gartens gab es Obstbäume, hauptsächlich Birnbäume. Ich habe noch den Duft der »Williams«-, »Conference«- und »D'Anjou«-Birnen in der Nase, den die Obststiegen im Vorratskeller verströmten. Um ihr mageres Einkommen aufzustocken, verkaufte Großmutter sie in der Nachbarschaft. Sie wog sie mithilfe kleiner Gewichte auf ihrer Tafelwaage und verpackte sie anschließend schön in Papiertüten. Großvater übernahm das Zurückschneiden der Birnbäume im Februar und schnallte sich im Frühling einen kupfernen Sprühkanister auf den Rücken, um sie mit Fungizid zu besprengen.

Ausgesäte »Triomphe-de-Farcy«-Buschbohne

Ausgesäter Holländischer Feldsalat

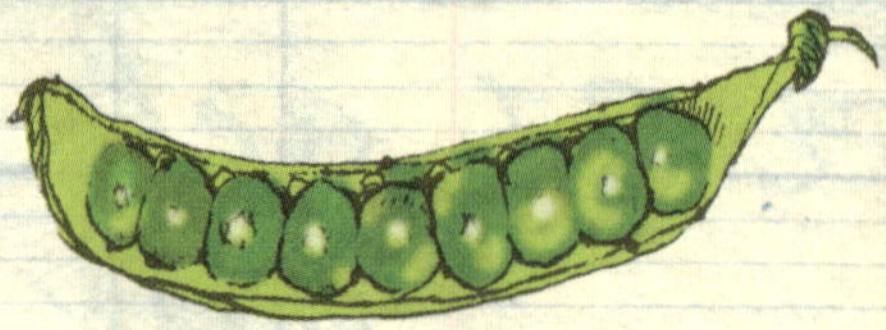

Ausgesäte »Douce-Provence«-Erbse

Pikierter Kopfsalat »de la Blonde«

Ausgesäte Radieschen »de 18 jours«

Ausgesäter Gartensalat

Pikierter Winterkopfsalat

Ausgesäte »Riesen von Colmar«

Ausgesäter Bataviasalat

Pikierte weiße Zwiebel

Pikierter Friséesalat

Ausgesäte Schwarzwurzeln

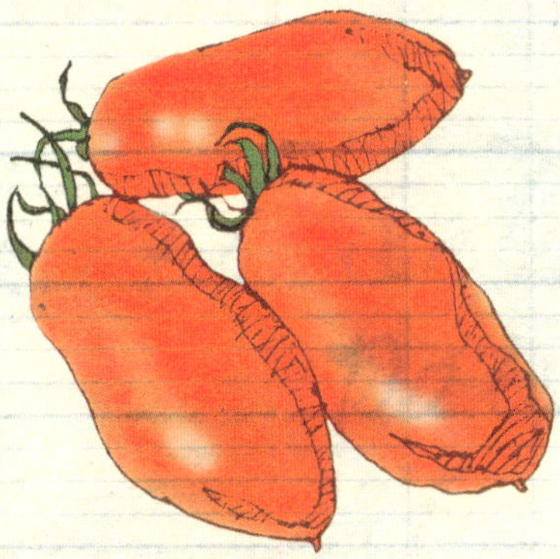

Ausgesäte »San-Marzano«-Tomaten

Ausgesäter »Maikönig«-Kopfsalat

Pikierter »Reine-des-Glaces«-Bataviasalat

Ausgesäter »Gotte«-Kopfsalat

Ausgesäter fleischiger Bleichsellerie

Ausgesäter »Merveille-des-4-saisons«-Kopfsalat

Ausgesäte »Triomphe-de-Farcy«-Samen

Ausgesäte »Téléphone-nain«-Erbse

Gesteckte graue Schalotte

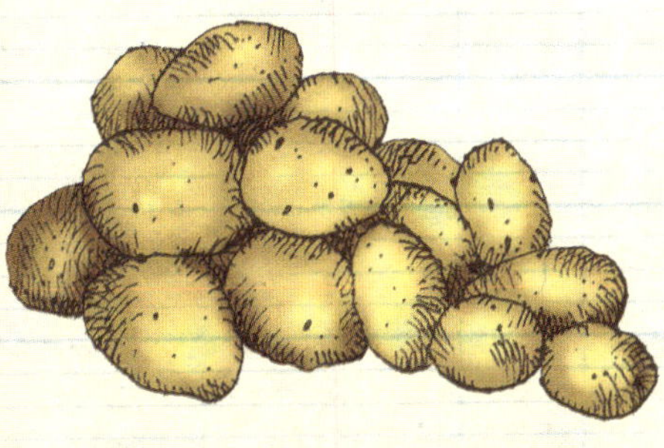

Gesetzte »Bintje«-Kartoffel

Ausgesäte doppelt- und einfachkrause Petersilie

Ausgesäter »Chicon-des-Charentes«-Romanasalat

Dreispitzige Jungfernrebe

Parthenocissus tricuspidata

Ein Nachtfalter hat sich auf einem Weinblatt der Jungfernrebe niedergelassen. Sie wächst so munter die Hauswand hinauf, dass ich sie jedes Jahr zurückschneiden muss. Andererseits weiß sie auch, mit ihrer Energie zu haushalten. Die kleinen Tentakel ihrer jungen Triebe werden nur dann zu Saugnäpfen, wenn sie eine harte Oberfläche ertasten. Daraufhin sondern sie einen stark haftenden Klebstoff ab.

Türkentaube

Streptopelia decaocto

Sie lässt sich von der gewöhnlichen Taube durch ihren anders betonten Gesang unterscheiden: »Gu-guh gu«.

August

Meine Großmutter, der liebste aller lieben Menschen, manchmal zu lieb, wie sie sich selbst eingestand, wurde niemals wütend, hat nie geflucht und redete über niemanden jemals schlecht.

Kleine, seltene Verstimmungen kamen ihr nur in Form eines einzigen Wortes über die Lippen: Stinkmist. Wenn sie sich beim Sockenstopfen in den Finger piekste, sagte sie nur »Ah, Stinkmist …«, und wenn ich etwas anstellte, nannte sie mich ihre kleine Stinkwanze, ohne je von ihrer natürlichen sanften Art abzuweichen.

◆ **Mauerzimbelkraut**
Cymbalaria muralis
Ruine von Rom

Gelbgrüne Schmuckwanze
Eurydema ornata
Im Jungstadium und ausgewachsen.

Friedhofstierchen
Pyrrhocoris apterus
Feuerwanze im Jungstadium.

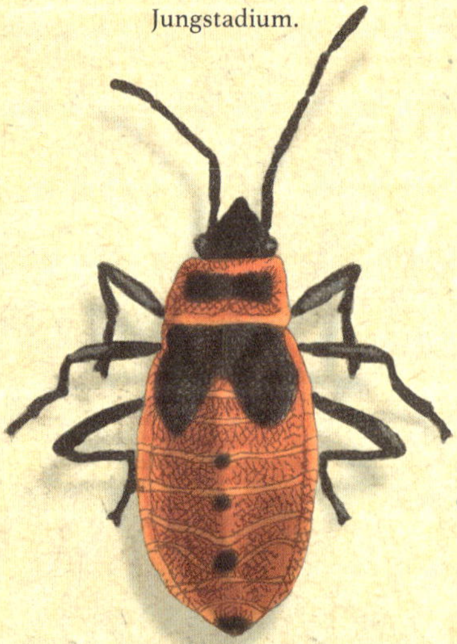

Grüne Stinkwanze
Palomena prasina
Diese Wanzen leben vornehmlich auf Mangoldblättern.

Dill

Anethum graveolens

Kohlwanze
Eurydema oleracea
Paarung.

Hausfeldwespe
Polistes dominula

Streifenwanze
Graphosoma italicum
Harlekin-Wanze

Mit ihrem rot-schwarz gestreiften Fußballtrikot könnte man sie auch AC-Milan-Wanze nennen!

Rechts einmal im Jungstadium.

◆ **Gemeine Nachtkerze**
Oenothera biennis

Tomate
Solanum lycopersicum

Grünes Heupferd
Tettigonia viridissima

Goldleiste
Carabus violaceus

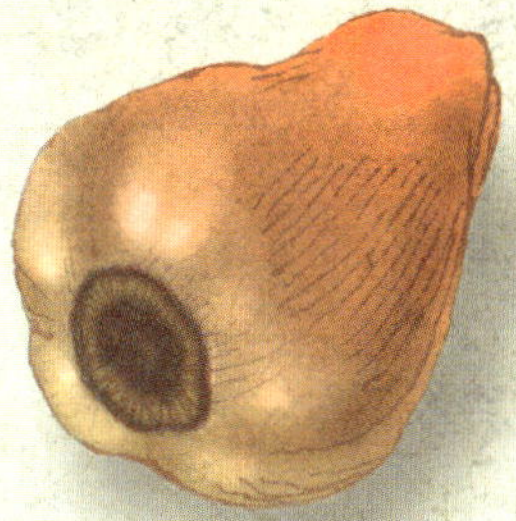

Dieses Jahr bin ich besonders stolz auf meine fünfunddreißig Tomatenpflanzen. Sie sind verdammt schnell gewachsen, seit die Aussaat im Februar in Joghurtbechern auf der Fensterbank stand. Ohne Pause breche ich Geiztriebe und Blütenstände ab, damit die ersten Tomaten, die bereits schön rot sind, noch größer werden. Seit zwei Wochen trage ich jeden Tag zwei Hände voll in die Küche und spiele den zufriedenen, archaischen Mann, der seine Familie versorgt. Horror! Heute Morgen bemerke ich auf einer, dann zwei, drei Tomaten große, braune Stellen ... Sie haben die Braunfäule! Die Angst überschattet für den Moment meinen verletzten Amateurgärtnerstolz. Dabei hatte ich schon geahnt, dass der Wetterwechsel von Hitzewelle zu feuchter Kälte eine Bedrohung für meine Tomaten darstellen würde. Werde ich nächsten Monat auch nochmal dieselbe Blamage erleiden wie letzten September, als meine Tomaten schwarz-rotbraun-kränklichweiß gestreift waren?

Weicher Bärenklau
Acanthus mollis

Schwarzrückige Schmuckwanze
Eurydema ornata

Hirschkäfer
Lucanus cervus
Das Männchen verfügt über ein beeindruckendes Mundwerkzeug!

Manchmal bedauere ich, dass es nicht so aussieht wie in den Gartenzeitschriften mit diesen sauberen, perfekt geharkten Beeten. In meinen wuchert immer Unkraut, und es bleibt hier und da ein Haufen Halme und Gräser liegen.
Während ich einen Hirschkäfer aus einem der Teiche vorm Ertrinken rette, denke ich darüber nach, dass seine holzfressenden Larven vielleicht erst unter einem der vergessenen Holzhaufen lebten, bevor er zum imposantesten Insekt des Gartens werden konnte. In diesem grünen Viereck alles unter Kontrolle zu bringen, wäre ein Vorhaben von absolutem Größenwahn. Man muss den Dingen hier und da ihren Lauf lassen.

Großer Kohlweißling
Pieris brassicae
Schmetterling.

Goldglänzender Rosenkäfer
Cetonia aurata
Das »Schmuckstück« des Gartens.

Mein ältester Sohn war mit drei Jahren schon so aufgeweckt und geschickt, dass er eine Leiter rauf- und runterklettern konnte. Ich konnte ihm also neben dem Goldfischteich bedenkenlos ein hübsches Holzhaus auf Stelzen bauen, in dem er die schönsten Abenteuer erleben sollte. Es blieb leer, als mein Sohn Onlinespiele für sich entdeckte, und wurde zum Kaminholzlager umfunktioniert. Ich musste einsehen, dass die tollste Hütte eben die ist, die man sich als Kind aus drei Holzscheiten und einer Packung Nägel selbst zusammenbastelt, und nicht die, die einem einzugsbereit auferlegt wird. Das Kind lernt dabei gleichzeitig die Beschaffenheit der Materialien und Hammerschläge auf den Fingern kennen. Es lernt, einen Raum zu gestalten und sich zu organisieren. Durch diese Autonomie wächst seine Fantasie ganz unabhängig von der Erwachsenenwelt. Heute frage ich mich, ob diese Holzhütte nicht mir gewidmet war, für eine letzte Reise in die Kindheit, die ich endgültig hinter mir lassen musste, als ich Vater wurde.

Himbeere
Rubus idaeus

Goldfisch
Carassius auratus

Ulmenblättrige Brombeere
Rubus ulmifolius

Élisabeth
An einem der Teiche.

1968

Ein Abenteuergarten

Völlig in Anspruch genommen von der Krankheit ihres jüngsten Sohnes versuchten meine Großeltern bei der Hochzeit ihres Erstgeborenen, den Schein zu wahren. Die Trauung musste schnell über die Bühne gehen, denn die sehr junge Braut trug bereits einen kleinen Sohn in sich, den zukünftigen Zeichner der Umgebung. Traurigerweise wuchs das junge Paar nicht gut zusammen, um die Pflanzenmetaphorik weiterzuspinnen. Fünf Jahre später kam mit einem Knall die Trennung.
Ich wuchs im Garten auf und wohnte zunächst auf dem Dachboden, der für das vom Familienzuwachs überrumpelte Paar ausgebaut worden war, und später in einer Wohnung, die mein Vater zusätzlich auf dem Grundstück gebaut hatte. Bis zu meinem zehnten Lebensjahr verbrachte ich innerhalb der hohen Mauern die schönste Zeit. Ich sah nie eine Landschaft in ihrem Horizont verschwinden. Meine Welt bestand aus Obstbäumen und Gemüsereihen, umrahmt von Blumenbeeten und abgedeckt vom Himmel. Mein Schulweg führte mich durch einen Hohlweg zu einer verlassenen Einfriedung, hinter deren dichtem Unkraut der Eingang zum Schulhof lag. Ich lebte in einer Welt aus aneinandergereihten Schuhkartons. Ich fühlte mich nie eingeengt, eher wie eine Aprikose, die vor dem Spätfrost beschützt wird.
Noch bevor ich wie die anderen Zehnjährigen raus auf die Felder zum Spielen ging, kletterte ich eines Tages die Mauer der Einfriedung hoch und hatte so meinen ersten Kontakt zur Außenwelt. Ich übte mein Gleichgewicht, ließ die Füße in der Luft baumeln und überblickte das Innenleben der anderen Schuhkartons: Obstbäume und Gemüsereihen, umrahmt von Blumenbeeten, ein erweiterter Himmel, eine Nachbarin beim Wäscheaufhängen, ein kleines Mädchen, das ich nicht kannte, da ihr Schuhkarton sich zur anderen Straße öffnete.
Ich machte es mir zur Gewohnheit, den Boden zu meiden und nur noch auf der Katzenpromenade zu spazieren. Meine Großmutter wurde fast krank vor Sorge.

Pimpernell
Sanguisorba minor
Laubblatt und blühende Ähre.

⁂

Die Freitreppe ist ein raffinierter Ort, gleichzeitig ein Balkon nach außen und ein Bindeglied zwischen Haus und Garten. Es hätte keinen besseren symbolischen Rahmen gegeben, um diesen besonderen, amtlichen Moment zu verewigen: zwei Treppen, die sich zu einem gemeinsamen erhöhten Eingang vereinen.

Apfel
›Königin der
Renetten‹
Malus domestica

September

Letzte Nacht, als ich auf der Freitreppe einem alten Laster frönte, indem ich eine kleine zulässige Prise Trockenkraut in feines Papier rollte und rauchte, hörte ich ein Rascheln aus dem Gestrüpp hinten im Garten. Ein Vogel? Nein, zu gleichmäßig. Die Kröte? Nein, viel zu weit weg von ihrer Sommerresidenz unterm Hahn. Es musste ein Igel sein, ich war sicher. Jedes Jahr kommt einer von ihnen in den Garten, über die Straße und durch die Regenrinne, die eine Öffnung hat, seit ich den Überlauf gebaut habe, der die Teiche mit Regenwasser versorgt. Ich holte eine Taschenlampe und machte mich auf, meinen neuen Gast willkommen zu heißen. Er war noch nicht alt, eher ein Igelchen.

Heute Nachmittag hatte es etwas geregnet, zum ersten Mal seit einem Monat. Der Garten hatte es nötig, ihm hing schon die Zunge heraus. Einige Blätter wurden gefährlich früh gelb. Manche Pflanzen hätten die Trockenheit ohne die Gießkanne nicht überlebt. Diese werden von der Stockrose, dem Kamel unter den Pflanzen, nur belächelt. Die heutigen Regengüsse gaben den Vögeln ihre Stimmen zurück, und die Vegetation konnte sich einmal schütteln und ihre Lethargie abwerfen. Ich weiß nicht, ob das langersehnte feuchte Wetter der Grund ist, aber heute Abend veranstaltet das Igelchen einen Mordslärm, und das an mehreren Orten gleichzeitig. Was ein wirres, lautes Treiben! Mit der Taschenlampe in der Hand gehe ich in den Garten, um das Rätsel aufzudecken.

Gewöhnliche Stockrose
Alcea rosea

Erdkröte
Bufo bufo
Eine Kleine, dieses Jahr geschlüpft.

Herbstanemone
Anemone hupehensis
Mit einer Hummel auf einer ihrer Blüten.

Braunbrustigel
Erinaceus europaeus

Ringelblume
Calendula officinalis
Dotterblume

Vier Stück! Ich bin verblüfft und hellauf begeistert. Vier kleine Igel laufen umher, ihr Stachelkleid schleift über das nasse Laub. Ein ganzer Wurf! Drei rollen sich zur Kugel zusammen, als ich mich ihnen nähere, der Vierte frisst und tollt weiter. Ich suche jeden Quadratmeter ab, bis ich schließlich die Mutter finde, vor einem Tunneleingang des Unkrauthaufens, der seit Monaten vorm alten Kirschbaum herumliegt. Jetzt verstehe ich: Diese Igel kamen nicht von außerhalb. In diesem Jahr wurden sie im Garten geboren. Ein weiteres Mal, dass meine gärtnerische Faulheit belohnt wird!

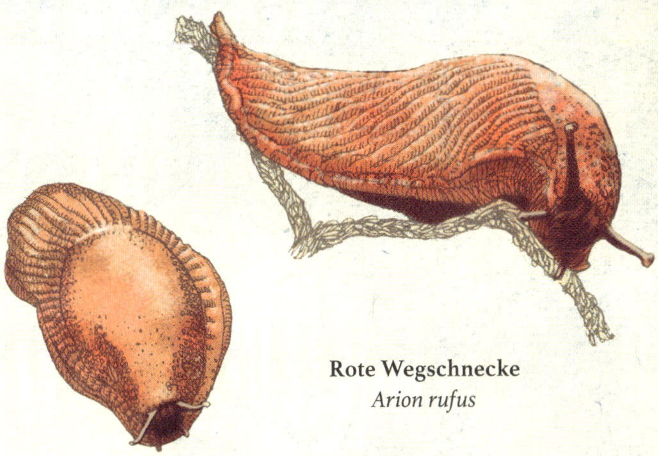

Rote Wegschnecke
Arion rufus

Kohlmeise
Parus major

Bei einem dünnen Brustband handelt es sich um ein Weibchen, bei den Männchen ist es dicker.

Zucchiniblüte und Butternusskürbisse

Meine Kinderbücher animierten mich zu meinem ersten Beruf: Spion. Die Berufsvorbereitung bestand darin, meinem Großvater hinterherzuschleichen, ohne dass er etwas von meiner Mission ahnte. Komischerweise, auch wenn ich mich mucksmäuschenstill noch so gut versteckte, kam immer der Moment, in dem er von seinem Hochbeet aufsah, sich umdrehte und genau in meine Richtung schaute, die Hände in den Hüften. Er entdeckte mich nicht, aber sein sechster Sinn sagte ihm, dass irgendetwas in der Anordnung seiner Komposition nicht stimmte. Er war so sehr eins mit dem Garten geworden, den er seit fast vierzig Jahren mit Bedacht formte, dass er, schon bevor er von der Arbeit nach Hause kam, wusste, wenn ein Gerät den Platz gewechselt hatte oder ein Beet durchwühlt worden war. Man könnte meinen, seine Nervenenden reichten bis in den letzten Zentimeter seines Grundstücks!

Kürbis ›Patidou‹

Sumpfeibisch ›Luna‹
Hibiscus moscheutos
In ihrer Blüte eine Keilfleckschwebfliege (*Eristalis pertinax*)

Wollschweber
Bombyliidae
Diese behaarte Fliege der Gattung »Villa«, die von Weitem aussieht wie eine Biene, beherrscht die Kunst des Schwebeflugs im Schlaf.

Ringeltaube
Columba palumbus

Das Taubenpaar lebt von Luft und Liebe. Sein Nest im Lorbeerbaum ist spärlich gebaut wie ein löchriger Korb. Kein Vergleich zu dem fein geflochtenen, behaglichen Amselnest, das sogar mit Plastikfäden verziert wurde. Die Taubenpartnerschaft ist symbiotisch. Sie verbringen ihr Leben in Zweisamkeit: Morgens bauen sie gemeinsam ihr Nest, in den Sommermonaten begeben sie sich danach zwei, drei Stunden auf Essenssuche und verbringen die Abende schnäbelnd auf den Leitungen der Straßenbeleuchtung.

Neapolitanisches Alpenveilchen
Cyclamen hederifolium

Knolle.

Große Fetthenne
Hylotelephium telephium

Friedhofstierchen
Pyrrhocoris apterus
Feuerwanze

Das meistverbreitete Insekt des Gartens hier in Totenstarre (mit zusammengerollten Beinchen) unter der Wilden Malve, deren Achänen es und seinesgleichen sich gerne einverleiben.

◆ **Schöllkraut**
Chelidonium majus

Der Saft dieser Pflanze hilft bei Warzen. Ich kann es bezeugen. »Chelidonium« leitet sich von dem griechischen Wort für Schwalbe ab. Wenn diese Vögel kommen, beginnt die Blütezeit der Pflanze, und wenn sie wieder fortfliegen, verblüht auch das Schöllkraut. Schwalben habe ich schon seit ein paar Jahren nicht mehr über den Garten fliegen sehen.

Sophie T. hat mir einen Ableger der Kapmalve geschenkt. Der Garten ist voller geschenkter Blumen. Dadurch bekommen sie einen Namenszusatz, fast wie bei der Strauchrose »Ghislaine de Féligonde«. Ich schneide keinen Blauregen zurück, sondern den Blauregen von Marie-Annick oder die Klettertrompete von Jean-Luc, und ich pflege auch keine x-beliebige Christrose, sondern die Christrose von Claude. Jedes Mal, wenn ich bei den Pflanzen bin, denke ich an die Schenkenden. Was bei den wenigen Pflanzen aus dem Gartencenter ausbleibt.

Kapmalve
Anisodontea capensis

Neapolitanisches Alpenveilchen
Cyclamen hederifolium
Es sprießt überall im Garten aus der Erde und wächst ohne Blätter. Man könnte meinen, in Zeiten der Hitze konzentriert es sich auf seine Blüte.

Grüne Stinkwanze
Palomena prasina
Fund auf meinen Tomaten. Oben die Wanze im Jungstadium, unten im Zwischenstadium.

Amerikanische Klettertrompete
Campsis radicans
Verblasste Blüten.

Stinkende Iris
Iris foetidissima

Goldkrokus
Sternbergia lutea

Der Vater meines einen Schwagers brachte aus seiner Heimat in Algerien, genauer gesagt der Kabylei, Feigenzweige mit. Er schenkte mir zwei, die ich im Herbst in die Erde steckte. Im darauffolgenden Frühling sah ich kleine Knospen aus einem der Schösslinge sprießen.

Seitdem kann der Feigenbaum sich nicht mehr beherrschen. Er wächst schneller, als ich mit meinem Gärtnervermögen hinterherkomme. Ich stutze und schneide ohne Pause. Seine Äste biegen und brechen und schlagen neue Wurzeln in die Erde, er breitet sich aus. Ich müsste den Großteil meiner Zeit ganz ihm widmen.

Mauereidechse
Podarcis muralis

Weinrebe ›Gelber Muskateller‹
Vitis vinifera
Die Hitzerekorde haben die Trauben kleingehalten, aber ihnen dafür so viel Süße gegeben, dass sie mir jedes Mal, wenn ich mir im Vorbeigehen welche von der Ranke pflücke, vorkommen wie Süßigkeiten.

◆ **Schwarzer Nachtschatten**
Solanum nigrum
Diese Pflanze war dafür berüchtigt, bei Hexen hoch im Kurs zu stehen. Roh sind ihre Beeren giftig, und auch in gekochtem Zustand habe ich überhaupt keinen Bedarf, sie zu probieren, weil sie in einer Salbe vorkommen, die Männer in Werwölfe verwandeln konnte.

Im Gegenzug für die übermäßige Inanspruchnahme meiner Zeit schenkt mir der Feigenbaum – wenn eine Starenbande sie nicht vorher verschlingt – kiloweise köstliche Feigen, einmal im Juli von den Zweigen aus dem Vorjahr und nochmal so viele Kilos im September von den Zweigen aus diesem Jahr. Die Feige ist zweimaltragend. Beim ersten Mal sind die Feigen größer, und ihre Haut ist dünner, während die der zweiten Fuhre kleiner ausfallen, mit härterer Haut und dichterem Fruchtfleisch, fast marmeladenartig.

Feigenbaum
Ficus carica
Ein Blatt von unten.

Waldbrettspiel
Pararge aegeria
Bei der Feigenernte im September schneide ich sie in Hälften und lege sie für einige Stunden auf der Steinbank in die Sonne. Dadurch bekommen sie tatsächlich Marmeladengeschmack, und der strenge Milchsaft aus dem Stiel tritt aus. Den lässt sich auch der Waldbrettspiel-Schmetterling schmecken.

Am Garteneingang treffe ich eine alte Bekannte auf den Efeublüten: die Asiatische Hornisse. Mit ihr hatte ich es bereits in China zu tun. Ich verdanke ihr neben einem Stich in meine Wade außerdem die daraus folgende Erfahrung, meinen Allerwertesten für eine Spritze in einem Wartezimmer entblößt zu haben, in dem alle auf die intimen Stellen des Ausländers gespannt zu sein schienen.

Angesichts ihres tollpatschigen Flugs und der langen hängenden Beinchen fürchtet man kaum den infektiösen Stachel.

Ich habe von meinem Stich gelernt, dass die Hornisse den Menschen nur angreift, wenn sie ihr Nest in Gefahr sieht. 2006 wurde sie versehentlich nach Frankreich gebracht, man bezeichnet sie als invasive Art. Ich finde das Wort »invasiv« unsinnig. Es ist wohl kaum vorstellbar, dass ein paar Hornissen sich zusammenschließen, um einen anderen Kontinent einzunehmen und vor Ort die heimischen Bienen zu verputzen. Unterstellen wir ihr mal keine bösen Absichten. Schuld ist der unachtsame Mensch.

Asiatische Hornisse
Vespa velutina
Man erkennt die Hornisse an ihren gelben Beinchen und dem Hinterleib mit auffälligen orangefarbenen Ringen und einem abschließenden schwarzen Dreieck.

Wiesenschaumzikade
Philaenus spumarius

Dieses kleine Insekt, nicht größer als ein Fingernagel, hat das Schaumbad erfunden. Es schützt seine Larve in einem feuchten Schaum, den es aus dem Saft der Pflanze gewinnt, an der es sich festsetzt. Es hat noch ein weiteres Talent, und zwar kann es fantastische Sprünge machen.

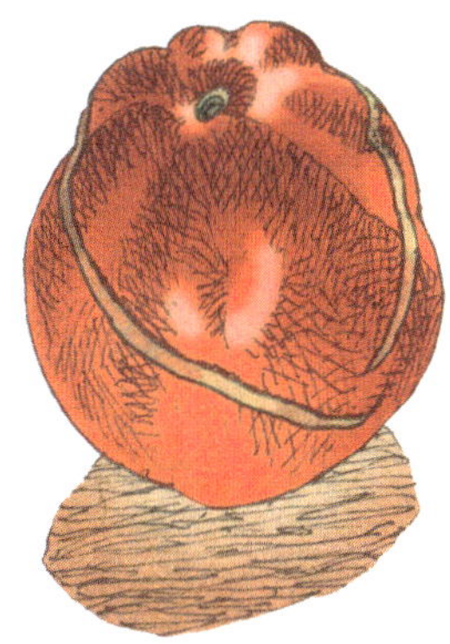

◆ **Efeu**
Hedera helix

Diese Pflanze hat einen schlechten Ruf. Dabei ist sie sehr nützlich. Ihre Blüten in Dolden (hier als kugelige Knospen), aus denen im Endstadium Beeren werden, versorgen die Bienen bis Oktober mit Pollen und die Amseln im Winter mit Früchten.

Gefüllte Tomaten und Zucchini

Die Tomatenpflanzen werden schwächer. Ihre Blätter werden gelb und ziehen sich zusammen, und ihre Früchte werden fleckig und faltig. Trotzdem komme ich jeden Tag mit meinen zwei vollen Händen in die Küche, nur das anfängliche Staunen wird leiser. Im gemäßigten Ton der Empfängerin schwingt ein Anflug von Ermüdung mit. An warmen Tagen haben wir sie roh im Salat gegessen. Jetzt, wo die Nächte kälter werden, schieben wir sie in den Ofen, wo sie in ihrer Haut schmoren. Die gleiche Haut, die auf einigen Stauden dem Druck des starken Regens nicht standhält und platzt.

Das Gartenwetter

Die Wetterfahne von einem Haus am anderen Ende der Straße. Auf dieser Seite vergrößert zu sehen.

Am Abend, wenn ich aus der fernen Stadt höre, wie die Autos in monotonem Summen über die Brücke am Fluss rauschen oder wie es in meinem alten Collège nach Schulschluss läutet, weiß ich, dass der Wind von Norden weht und morgen ein sonniger Tag sein wird. Wenn ich Stunde um Stunde die Kirchenglocken aus dem Dorf höre, weiß ich, »es wird aus Kübeln gießen«, da der Wind vom Meer im Westen heranzieht. Und wenn ich weder das eine noch das andere höre, oder alles durcheinander, werfe ich einen Blick auf die Wetterfahne des Nachbarhauses, um zu sehen, welcher Wind weht.

Es gab früher einmal eine Wetterfahne im Garten. Großvater hatte sie selbst gebaut, vielleicht nach einer Anleitung aus der einzigen Literatur in seinem Atelier, der Zeitschriftensammlung für Hobbybastler aus der Vorkriegszeit. Er hatte seine Wetterfahne am oberen Ende eines grünen Metallpfostens montiert.

Es gab noch ein anderes Instrument zur Vorhersage von Wetterumschwüngen, oder um abzuschätzen, wie zum Beispiel der Himmel an dem Wochenende aussieht, an dem man den Kohl pikieren wollte: das Barometer. Heute ist es in einem Kellerregal verstaut, früher hing es im Esszimmer überm Kamin. Jeden Abend klopfte Großvater mit einem Finger gegen das Ziffernblatt. Eine Geste, die anfangs vielleicht sicherstellen sollte, dass die Zeiger auch nicht stockten, und anschließend zum Ritual wurde. Dieses Tack-Tack läutete das Ende der Gartenarbeit und der Notizen im Gartenheft ein. Es bedeutete, dass die Zeit zum Abendessen gekommen war.

Das Thermometer, das seit mehr als einem Jahrhundert an der Mauer rechts vom Eingangstor hängt, hat seinen Zeiger vor diesem 29. Juli 2019 noch nie auf die Vierzig bewegt. Im Sommer 2020 hat er sie fast gestreift, und es wäre nicht überraschend, würde er sie in den kommenden Jahren sogar überschreiten …

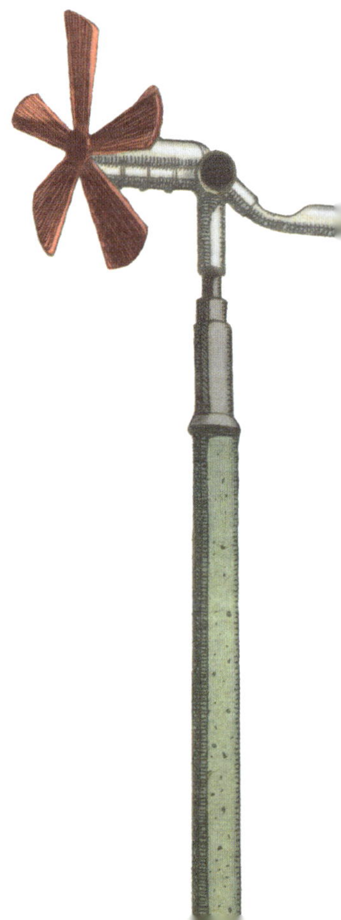

Hof- und Gartenseite

Entgegen der Tradition, den Hof vor dem Haus und den Garten dahinter anzulegen, wurden hier beide vereint. Der Hof wird dabei vom Garten durch Blumenbeete, Hecken und Spindelstrauch getrennt.

Eine Abgrenzung eher symbolischer als effizienter Natur bei der Abwehr von Bällen und der anschließenden Suche, immer verbunden mit Herumtrampeln zwischen den Bohnen. Da zogen sich Großvaters Augenbrauen ganz schön zusammen!

Der Hof diente offiziell als Spielplatz. Als Kinder der siebziger Jahre badeten wir zuerst in den Wascheimern aus Zink und erst ein paar Jahre später in Plastikwannen. Im unfassbar trockenen, heißen Sommer von 1976 zog dann die neuste Erfindung in den Hof ein: das aufblasbare Planschbecken.

Spinne auf
einer Dahlie:
Brautgeschenkspinne
Pisaura mirabilis

Oktober

Als im Frühling die jungen, knollenartigen Triebe der Dahlie gerade so aus der Erde ragten, wurden Schnecken mit und ohne Haus verrückt angesichts dieser Leckerbissen. Ich probierte eines Abends den Trick mit einem Teller Bier, um sie von den Pflanzen wegzulocken. Tatsächlich bemerkte ich, dass die Unersättlichen sich für einen kleinen Schluck von ihrem eigentlichen Vorhaben abbringen ließen. Ich konnte sogar beobachten, wie die Nacktschnecken, mein Gott war das witzig, Schluckauf bekamen, direkt nach dem Biertrinken, wirklich wahr! Am nächsten Morgen war der Teller leer und ein Großteil der Triebe dennoch vertilgt. Ich probierte noch den Trick mit den kaputten Eierschalen, die man rund um die Pflanzen verstreuen soll. Aber unter den Schnecken muss es Fakire geben, so wenig wie diese scharfkantige Lösung brachte. Andererseits schienen manche Dahlien, die schlabbernden Bösewichte auch stärker anzuziehen als andere. Um der einfachsten Lösung, dem blauen Schneckenkorn aus dem Gartencenter, zu widerstehen, fasste ich den Entschluss, zwei, drei Dahlien zu opfern und sie der Gefräßigkeit der Nacktschnecken zu überlassen. Seitdem lassen sie die anderen zufrieden. Diese Opfergabe rettete vor allem meine roten Dahlien, die anscheinend weniger Geschmack haben. Sobald die ersten sommerlichen Hitzewellen eintreffen und die Nacktschnecken sich unter die schützenden Steine flüchten, können dann die gelben Dahlien endlich ihre Triebe sprießen lassen.

Weidenblättrige Aster
Symphyotrichum x salignum

Grüne Stinkwanze
Palomena prasina

Sie hat das buntscheckige Kleid ihrer Jugend gegen ein einheitliches Tarnfarbengrün getauscht. Am Anfang ihres Lebens, diesen Sommer, wollte sie Feinde abschrecken. Jetzt will sie einfach nicht mehr auffallen!

Neapolitanisches Alpenveilchen
Cyclamen hederifolium

Nach einigen Regentagen gesellen die Blätter des Alpenveilchens sich endlich zu ihren Blüten.

Tulpe
Tulipa sp.

Um die dreißig gesteckte einfache Tulpenzwiebeln, gelbe und rote, zum Auffüllen der anderen Tulpen, die immer mehr zur Neige gehen.

Garten-Dahlie
Dahlia x *hortensis*
Mit Blütenblättern der Semikaktusdahlie.

Genetzte Ackerschnecke
Deroceras reticulatum

Vor dem Haus ist ganz von alleine eine unscheinbare Pflanze aufgetaucht. Ich nehme an, dass sie mit dem Wind von dem Beet, das die kommunale Grünanlagenpflege gerade nahe der Brücke angelegt hatte, hierhergeweht wurde. Diese Ebbings-Ölweide hat nichts Spannendes an sich. Seit zehn Jahren wächst sie, ich stutze sie, sie wächst, ich stutze, sie wächst … und sie zeigt über die ganze lange Zeit ein und dasselbe Blätterwerk, gräulich glänzend, oben grün, von unten weiß. Doch zwei Mal pro Jahr ist sie plötzlich nicht mehr unauffällig. Das erste Mal an diesem Spätsommernachmittag, als Élisabeth von der Arbeit kommt. Sie verströmt einen lieblichen Duft, so ähnlich wie Jasmin, aber noch süßer, zuckersüß. In ein paar Monaten werden aus ihren kleinen Blüten rote Beeren, die sogar essbar sein sollen.

Indisches Blumenrohr
Canna indica
Die Blume.

Wintergrüne Ölweide
Elaeagnus x submacrophylla

Rote Blumen im Vordergrund:
Johannisbeersalbei
›Grahamii‹
Salvia microphylla

Als wir einzogen, spendete ein Kirschbaum dem Hof ab ungefähr zwei Uhr nachmittags Schatten, ein bisschen spät für unser Sommermittagessen! Anstatt einen Sonnenschirm zu kaufen, suchte ich mir bei der vierspurigen Straße am Stadtrand zwei Sumach-Ableger, um sie am Hof einzupflanzen. Es dauerte nur drei Jahre, bis die mehrjährigen Sträucher den Kirschbaum einholten. Jetzt, da der hohle Baum sein Höchstalter erreicht hat, werden seine Überreste Scheit für Scheit an die Feuerstelle des Schornsteins überführt. Die zwei Sonnenschirmsträucher hingegen, deren einzig unschöne Begleiterscheinung das ungenierte, erstaunlich weite Verstreuen ihrer Sprösslinge darstellt, spenden eine wohltuende Kühle, indem sie die heißen Temperaturen um zwei bis drei Grad senken.

Ende Oktober verfärbt sich ihr Blätterdach zu einem tollen Orangerot. Wenn die Sonne auf sie herabscheint, schicken sie durch die Fenster ein surreales goldbraunes Leuchten ins Haus. Und sie fallen im Hof zu einem wunderschönen flammendroten Teppich. Ich warte mit dem Laubfegen, bis sie braun sind.

Und da ist er wieder, mein lieber Jean-Noël! Den ganzen Sommer habe ich ihn nicht mehr gesehen. Ganz früh heute Morgen hat er sein aufgewecktes, erquickendes Zwitschern oben aus der Pflaume verlauten lassen und sich dann heute Nachmittag vors Haus gesetzt und »Tsi! ... tsi!« gerufen, als würde er vorbeikommen, seine Rückkehr ankündigen und mich ermutigen, den Spaten in die Hand zu nehmen und ein bisschen Erde umzugraben.

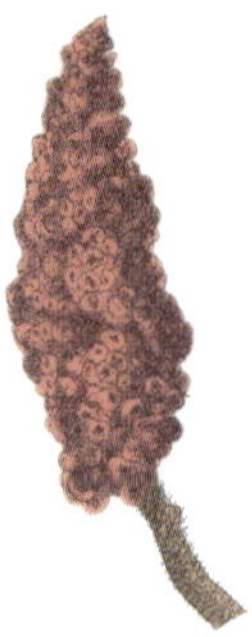

Hirschkolbensumach
Rhus typhina

Dieser Sumach stammt aus Amerika. In Europa ab 1924 als »Sumac de Virginiana« eingeführt, hat er die Eigenheit entwickelt, auch wenn er seine Blätter verliert, nicht in Winterschlaf zu gehen, sondern weiterzuwachsen.

Gemeiner Stechapfel
Datura stramonium

Graue Fleischfliege
Sarcophagia carnaria

Die Fliege, die ins Haus kommt, sobald wir Fleisch aus dem Kühlschrank holen. Man findet sie auch auf Vogelkadavern oder Regenwürmern, in die sie ihre Eier legt.

Samen können über lange Zeit im Boden schlummern. Und dann, eines Tages, wenn das Wetter angemessen mitspielt, fangen sie an zu keimen.
Mehr als zehn Jahre nach der Aussaat kommen zwei Sträucher einer der giftigsten Wildpflanzen unseres Kontinents, des Stechapfels, aus der Erde. Ich bin mir sicher, dass es meine Samen sind, da es sich um eine ziemlich seltene Art mit einem violetten Schimmer auf den weißen Blüten handelt, die ich auf einer Sandbank an der Loire gesammelt habe.
Man könnte sich fragen, warum ich eine so gefährliche Pflanze im Garten haben wollte, obwohl meine beiden Söhne zum Zeitpunkt der Aussaat dort spielten. Erst einmal wäre es ein illusorisches Vorhaben, alle giftigen Pflanzen aus dem Garten zu vertreiben, ansonsten wären es nur noch die Hälfte. Auch Maiglöckchen darf man nicht essen! Und außerdem habe ich als Kind schon den Erziehungsansatz »Beibringen geht über Verbieten« vorgezogen. Ich erinnere mich noch an einen Rundgang um die Schule am Schuljahresende und die Lektion meiner Lehrerin: »Gebt den Hasen bloß keinen Weinbergsstern zu fressen, davon können sie sterben!«, hatte sie uns eingebläut und dabei auf eine winzige Blume gezeigt, die uns viel zu hübsch vorkam für solche bösen Absichten. Das war die Stimme einer anderen Zeit, einer Frau kurz vor der Pensionierung, vor dem Verschwinden der »Lektionen der Dinge« und der Kaninchenställe!

◆ **Weinbergsstern**
Lysimachia arvensis

Punktloser Marienkäfer
Cycloneda munda

◆ **Stumpfblättrige Ampfer**
Rumex obtusifolius

Goldkrokus
Sternbergia lutea

Wilde Malve
Malva sylvestris
Die Pflanze wird auch Käsepappel genannt, weil ihre Früchte aussehen wie kleine Käselaibe. Mit den ganzen Friedhofstierchen darauf könnte man meinen, sie seien ein wahrer Leichenschmaus!

Singdrossel
Turdus philomelos

Wenn die Schnatterente als gesprächig gilt, als was bezeichnen wir dann die Singdrossel? Letzten Frühlingsanfang führte sie von Sonnenaufgang bis zur Dämmerung mit ihren Freunden aus der Nachbarschaft ohne Pause Gespräche, die so klangvoll und rasend rhythmisch waren, dass selbst ein Jazzschlagzeuger nicht hätte mithalten können.

Jetzt gerade hört man von ihr keine schönen Klänge. Nur ein »Tock-tock«, das sie auf dem Pflasterweg verlauten lässt. Als ich näherkomme, entdecke ich ein Schneckenhaus in ihrem Schnabel. Sie schlägt es auf den Boden, um das Gehäuse zu zerbrechen und den Inhalt zu vertilgen.

Auf der Mauer belauert Amsel Tino aus dem Augenwinkel das Geschehen. Er müsste sich der Singdrossel nur entgegenstellen, um sie in die Flucht zu schlagen. Wer bekommt die leckere Schnecke? Nur Geduld, die Arbeit ist noch nicht vollbracht. »Tock, tock, tock …«.

Rabenkrähe
Corvus corone

1980

Ein städtischer Garten

Anfang der achtziger Jahre veränderte eine städtebauliche Maßnahme das Erscheinungsbild des Viertels. Bereits 1926 gab es eine erste Erdaufschüttung, um die Verbindungsstraße zur Stadt vor dem Hochwasser von Loire und Thouet zu schützen. Eine weitere Aufschüttung sollte die Schutzmaßnahmen auf das Viertel ausweiten, in dem sich auch der Garten befand, und darüber hinaus den Bau neuer Häuser sowie Grundstückserweiterungen ermöglichen. Nach und nach wurden Garten, Haus und Straße umringt von neuen Häusern und einem Straßensystem, das besser auf das ansteigende Verkehrsaufkommen ausgelegt war.

Kurz bevor er seine wohlverdiente Rente genießen konnte, die er ohne Zweifel ganz seinem Nutzgarten gewidmet hätte, wurde Großvater Jacques im vorletzten Jahr seines Arbeitslebens krank. Von dem dreißig Jahre langen Einatmen von Eisenspänen, Sägemehl und Tabak, Letzteres sicherlich noch länger, waren seine Lungen so beeinträchtigt, dass er sich kaum noch bewegen konnte. Monatelang saß er auf der vorletzten Treppenstufe, mit seiner scheuen Hündin zwischen den Beinen und zwei Schläuchen in der Nase. Bei offener Eingangstür konnte er an diesem strategischen Platz seine Zeit damit verbringen, den Garten zu beobachten, als könnte er sich trotz physischer Hindernisse weiterhin um ihn kümmern, allein mit der Kraft seines Geistes. Dieser verließ ihn an einem Tag im Januar 1985 endgültig, schwebte noch etwas durch das Haus und um den Holzschrein auf dem Esszimmertisch, flog hinaus und versteckte sich im Garten.

Manchmal vermute ich ihn unter einem Stein, den ich verrücke, oder zwischen den Blättern einer Pflanze, die ich stutze. Und es ist eine angenehme Gesellschaft.

Weinrebe
›Gelber Muskateller‹
vitis vinifera

Amsel Tino verbringt seine Nachmittage damit, Trauben zu mopsen.

◆ **Honiggelber Hallimasch**
Armillaria mellea

Nächste Seite:
Große Zitterspinne
Pholcus phalangioides

Eine Zitterspinne hat ihren Unterschlupf im Garten aufgegeben, um mir im Atelier wie eine Kollegin Gesellschaft zu leisten.

November

Im Atelier schalte ich von Zeit zu Zeit das Radio ein, um das selbstverständlich selbsterwählte, aber manchmal erdrückende Alleinsein zu übertönen. Bei France Culture lief heute eine Wissenschaftssendung, und zwar mit dem originellen Thema Regenwurm. Für solche Momente zahle ich meine Rundfunkgebühr. Es gibt bestimmt keine andere Radiosendung auf der Welt, die diesem Thema eine ganze Stunde widmet … Die Sendung ist wirklich spannend, und direkt nach dem Outro laufe ich mit einer Schaufel in den Garten, um den Geodrilologen, den Regenwurmspezialisten, zu spielen.

Auf zwei oder drei vergebliche Schaufeln Erde folgt eine Ladung mit einem halben Dutzend dieser schönen Exemplare. Sie sind aufgrund der kalten Temperaturen ganz erstarrt, also bette ich sie auf etwas Laub des Aprikosenbaums und beobachte sie aus nächster Nähe.

Meiner Meinung nach, ich kann mich aber auch täuschen, sind diese Würmer von der anektischen Sorte, kommen also zur Nahrungssuche an die Oberfläche und graben sich durch vertikale Gänge wieder nach unten. Durch diese Gänge können dann auch Wasser und Sauerstoff leichter in die Erde dringen.

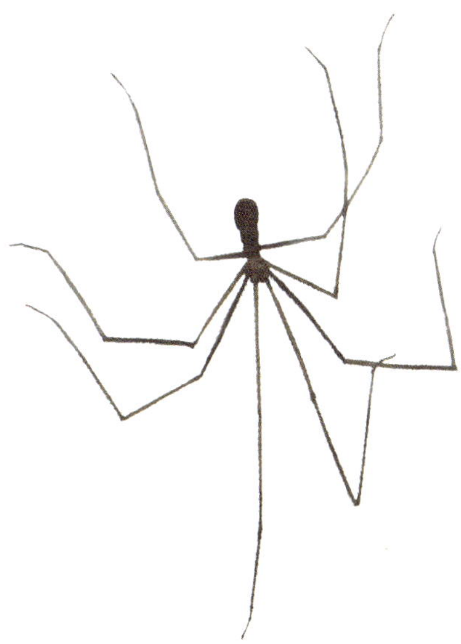

Regenwurm
Lumbricus terrestris

◆ **Rotrandiger Baumschwamm**
Fomitopsis pinicola
Pilz auf einem gestutzten Pflaumenast.

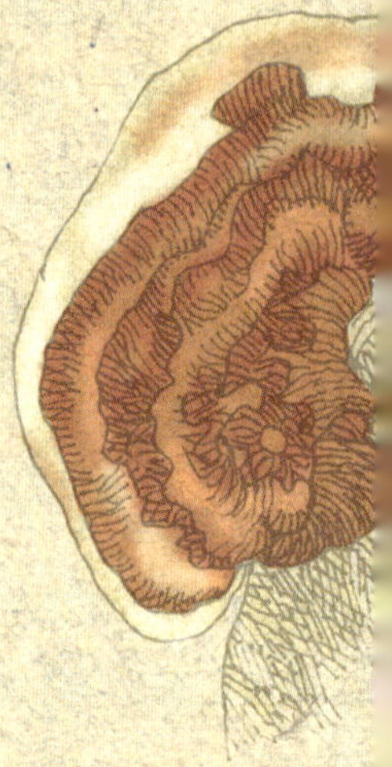

Großvater Jacques' Hauptbeschäftigung im November war es, weiße Zwiebeln und den rundköpfigen violetten oder weißen Knoblauch in seinem Gemüsegarten zu pikieren. 1970 pikierte er »108 Zehen Runden Lauch und 36 Zehen gewöhnlichen Knoblauch 1 Tag nach Vollmond«. Abgesehen davon, dass diese beachtlichen Zahlen einiges über den Jahresverbrauch von zwei Personen aussagen, ist auch der Hinweis auf den Vollmond außergewöhnlich. Wenn möglich, und wenn er es dann auch notierte, pikierte Großvater seinen Knoblauch, sobald der Mond abnahm: »26. November, gesteckter Knoblauch, 125 Stück (abnehmender Mond)«.

Knoblauch
Allium sativum

◆ **Honiggelber Hallimasch**
Armillaria mellea

Indisches Blumenrohr

Canna Indica

Nach der roten Blüte schließen sich seltsame Kapseln um die schwarzen, perfekt runden Samen, die in Südamerika, wo die Pflanze heimisch ist, zur Herstellung der Maracas genutzt werden. In dieser Weltregion werden auch die Rhizome des Cannas gekocht oder zu Mehl verarbeitet und verzehrt. Ich bin kurz davor, mal welche zu probieren …

Knoblauch

Allium sativum

Am 23. Oktober habe ich dreißig Zehen violetten Knoblauch gepflanzt.

Auf der Seite links:

Hausspatz
Passer domesticus

Pampagras
Cortaderia selloana

Elster
Pica pica

Das Pampagras war Anfang der sechziger Jahre mit seinen seidenweichen Federwedeln und messerscharfen Grashalmen der Star unter den Ziergräsern. Mittlerweile hat man es aufgrund seiner ungezügelten Selbstvermehrung als unliebsam eingestuft. Umgekehrt hat man Anfang des 20. Jahrhunderts den Klatschmohn als Gift für Zuchttiere betitelt, heute überschütten wir ihn mit Lobgesängen und machen ihn zum Symbol der Biodiversität. Der Mensch ist ganz eindeutig eine sehr wandelbare Spezies. Fortsetzung folgt …

Was für ein Trauerspiel! Es regnet seit einer Woche. Der Himmel hat einen einzigen Sonnenstrahl durchgelassen, gestern Abend vor Anbruch der Dunkelheit, die seit der Zeitumstellung ziemlich verfrüht eintritt. Der Boden ist aufgeweicht, das Laub klebt im Matsch. Die Tomatenstauden sind schwarz, von der Krankheit vernichtet. Die zerschlissene Haut der letzten Tomaten trieft vor Moder, neben stinkenden Flecken prangt schaumiger Schimmel. Sie sehen aus wie der Joker mit seinem filmreifen Grinsen. Die gefallenen Tomaten werden am Boden von Nacktschnecken in der Größe eines dicken Zehs ausgeweidet. Innerhalb von vierundzwanzig Stunden sind Pilze aus dem Boden geschossen, mitten auf dem Gehweg, als fühlten sie sich vollkommen ungestört und schon ganz wie zuhause.

Honiggelber Hallimasch
Armillaria mellea

◆ **Rundblättriger Storchschnabel**
Geranium rotundifolium
Blätter.

Zierleiste im Garten
Aus Beauvais-Terrakotta (dreißiger Jahre) von einem Nachbarn.

Ich hoffe auf einen freundlicheren Nachmittag, um den gröbsten Dreck zu beseitigen. Zum Glück gibt es während des allgemeinen Welkens auch einige Pflanzen, die jetzt wieder wachsen. Der Bärenklau zum Beispiel. Er stellt eine Verbindung zum nächsten Frühjahr her. Oder der Arabische Schneckenklee, der mit seinen winzigen Blüten und obcordaten (herzförmigen) Blättern hier und da als kleine Aufmunterung wirkt.

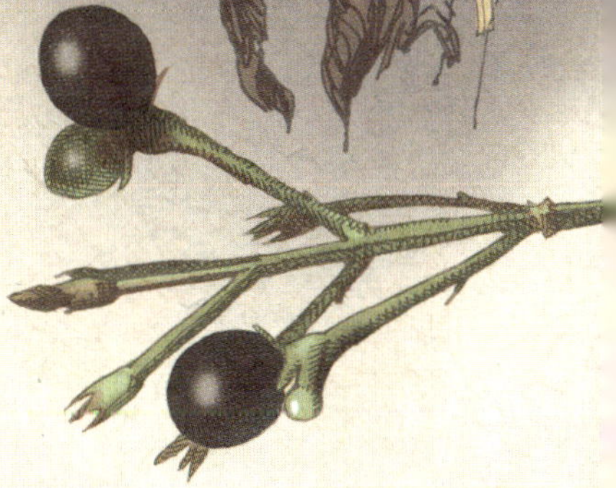

Duftjasmin
Jasminum polyanthum
Die Früchte.

Gottesanbeterin
Mantis religiosa

Gewöhnlicher Flieder
Syringa vulgaris

Primeleule
Noctua comes
Dieser Nachtfalter wollte sich gerade nahe dem Atelierfenster in Winterschlaf begeben, als ich ihn weckte, um ihn zu zeichnen.

Keine der anderen Amseln kommt so nah ans Haus wie Tino, der sich sogar auf den Pinienzapfen des Freitreppengeländers hockt. Ich kenne keinen wie ihn. Allerdings pickt er niemals die Brotkrümel von der Fensterbank weg.

Spinnenläufer
Scutigera coleoptrata

Dieses Viech aus der Familie der Tausendfüßer, das ich neben der Tür zum Keller fand, in den es mit Sicherheit verschwinden wollte, ist kein so guter Läufer mehr, wie sein Name besagt, da es acht seiner dreißig Beine in was weiß ich für einem Kampf oder Unwetter verloren hat.

Larve des Hirschkäfers in aufgeweichtem Kastanienbaumstumpf.

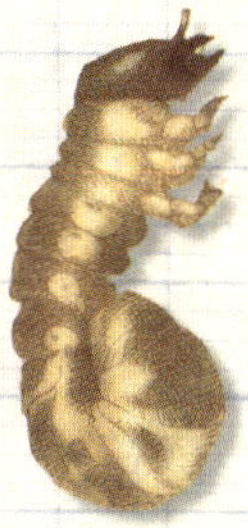

1996

Der Garten der Erinnerung

Meine Großmutter kümmerte sich leidlich weiter um den Garten. Von Jahr zu Jahr schrumpfte er um ein paar Gemüsereihen, Salatköpfe, einen Pfirsichbaum oder ein Blumenbeet. Sie bekämpfte ihre eintönige Einsamkeit, indem sie in den Verschnaufpausen, die ihr Gesundheitszustand ihr ließ, etwas gärtnerte, um in ihrer uferlosen Hoffnungslosigkeit die einfache Freude über eine geglückte Radieschenernte oder eine hübsch angelegte Reihe grüner Bohnen zu spüren. »Ich trauere noch immer um meinen Jacques. Er fehlt mir so sehr, dass ich glaube, auch mein Leben ging mit seinem zu Ende. Die Zeit vergeht, aber mein Kummer lässt nicht nach«, vertraute sie sich ihrem Tagebuch an.

Am 24. August schrieb sie in das Gartenheft: „Ich habe bei den Himbeersträuchern Rasen gemäht. Schwierig.« Das war ihr letzter Eintrag. Einige Wochen später holte ich sie mit dem Auto ab, um sie für ein paar Untersuchungen ins Krankenhaus zu fahren, da sie seit einigen Monaten starke Schmerzen plagten. Ich sehe sie vor mir: Wie sie auf der Freitreppe die Haustür abschloss, in der linken Hand die braune Tasche mit ihren Papieren, um den Kopf ein dünnes Tuch. Sie kam vorsichtig die Treppe hinunter und stützte sich dabei aufs Geländer, zu fiebrig und vorsichtig, um noch einen Blick in den Garten zu werfen. Obwohl sie es mit ihren fünfundsiebzig Jahren hätte vorausahnen können, wusste sie noch nicht, dass sie die Tür nicht wieder aufschließen würde.

Ihr ganzes Leben hatte sie diese Treppen benutzt, wie ich sie heute benutze. Ich trete in ihre Fußstapfen. Das Geräusch des Schlüssels, der sich im selben Schloss dreht, ist das Unsere.

Die Dachgaube wurde entfernt, als in den sechziger Jahren das Dach erneuert wurde. Meine Großeltern hatten nicht die finanziellen Mittel, um eine Vorrichtung aus Tuffstein renovieren zu lassen, die für sie keinen Nutzen hatte.

◆ **Sulcatflechte**
Parmelia sulcata

Ein Moos, die häufigste Pflanzenart in jedem Garten.

◆ **Italienischer Aronstab**
Arum italicum

Dieser wilde Aronstab breitet sich im Garten aus. Seine Blätter wachsen im Winter in den dunkelsten Ecken. Und dann, gegen Frühlingsende, verwandelt sich sein Blütenstand, nach seiner gewieften Täuschung der Bestäuber, zu roten Früchten. Als ich ein Kind war, sagte man absichtlich übertrieben, diese Pflanze würde Schlangen anlocken. Eine Maßnahme, etwas um die Ecke gedacht, um uns von den Beeren fernzuhalten, die ebenso giftig wie rot sind.

Dezember

Ein unerwartetes leuchtendes Rot blitzt durch das Grau des Nebels, der sich zum Schlaf auf den Garten gelegt hat. Ein Buntspecht dreht seine Runden. Diese Nacht kam der erste Frost. Die Nacht zuvor hatte der Raureif lediglich die Dächer mit einer weißen Schicht bedeckt, und die Pflanzen waren im Schutz der Mauern noch einen Tag lang unberührt geblieben. Wenn es in den Feldern des Umlands friert, kommen die Vögel lieber in den Garten. Zu meiner Freude bekam ich Besuch von zwei Elstern, einem jungen Rotkehlchen und diesem Buntspechtweibchen (sie hat nicht den für das Männchen charakteristischen roten Fleck am Genick), das sich zum alternden Kirschbaum hingezogen fühlt. Den hätte jeder »vernünftige« Städter schon längst abgeholzt, so kahl wie der Baum mittlerweile ist, der bei jedem Windstoß noch einen Ast verliert. Er produziert nur noch ein Körbchen voll Sauerkirschen, von denen manche madig sind und der Rest in schwindelerregenden Höhen hängt, dennoch sind alle unverzichtbar für das berühmte alljährliche Clafoutis. Ich warte ab, bis ein junger Kirschbaum eine gute Größe erreicht, um den alten Stamm zu fällen.

Im kleinen Gewächshaus bereitet sich ein weiterer Baum darauf vor, ihm Gesellschaft zu leisten. Aus den fünf Mispelsamen, die ein Geschenk waren, wurde bereits ein vielversprechender Trieb. Solange ich ihn nicht pfropfe, wird er wohl erst Früchte tragen, wenn das Wasser des nahen Flusses versiegt. Doch selbst wenn ich es nicht mehr erleben sollte, dass er mir Mispeln gönnt, verspüre ich schon große Vorfreude darauf, dem heutzutage rar gewordenen Mispelbaum dabei zuzusehen, wie er jedes Jahr mehr und mehr an Selbstsicherheit gewinnt.

Mispel
Mespilus germanica
Triebe und Samen.

Buntspecht
Dendrocopos major

Efeusommerwurz
Orobanche hederae
Diese seltsame Pflanze, hier komplett vertrocknet, wächst nur auf Efeu – sie ist parasitär. Ihre cremefarbenen Blüten, die zur Spitze hin rot werden, blühen im nächsten Frühling wieder auf.

Weiße Lichtnelke

Melandrium album

Das neue Jahr steht bevor, und der Frost hat die Erde noch nicht durchdrungen. Nur die oberen Blätter des Blumenrohrs sind beispielsweise braun geworden. Und manche Pflanzen blühen sogar unbeirrt weiter, wie diese Lichtnelke in weiblicher Ausführung (also ohne Staubbeutel).

Gewöhnliche Siegwurz

Gladiolus communis

Ich grub die Zwiebeln der Siegwurz aus, inklusive ihrer diesjährigen Brutknospen, damit sie nicht schimmeln. Sie werden ein langes Schläfchen in einem Korb im Schuppen halten. Im Frühjahr pflanze ich sie wieder ein.

Efeu

Hedera helix

Früchte in Dolden.

Eier der Nacktschnecke, entdeckt unter einem Holzstapel.

Oothek der Gottesanbeterin, die fest an einer alten Rankhilfe der Tomaten klebt. Fangschrecken fabrizieren diese Nistpakete, um darin ihre Eier abzulegen.

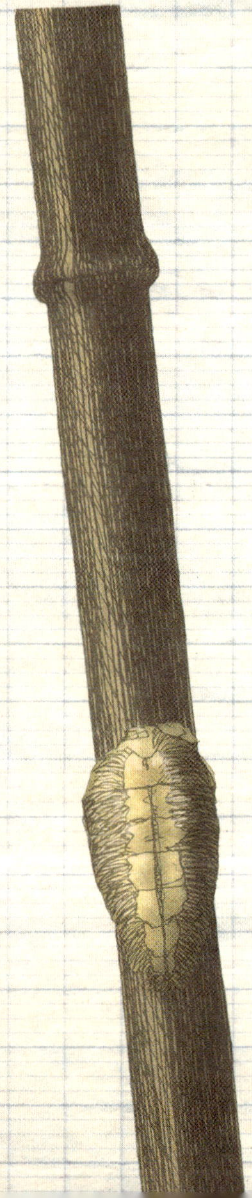

Gartenlevkoje
Matthiola incana

Großes Löwenmaul
Antirrhinum majus

◆ **Raue Gänsedistel**
Sonchus asper
Und ihre Blattläuse.

Grüne Florfliege
Chrysoperla carnea
Im Holzstapel gefunden.

Fruchtschalen der Rose und der Hagebutte.

Kapmalve
Anisodontea capensis

Hundsrose
Rosa canina

Gottesauge
Tradescantia virginiana
Mit lilafarbenen Blüten.

Als Großmutter von uns ging, hielten meine Partnerin und ich bereits Ausschau nach einem für uns passenden Haus. Die Geburt unseres ersten Sohnes hatte uns dazu bewogen, ein eigenes Nest zu suchen. Die Entscheidung, das Haus meiner Kindheit zu kaufen, war nicht von Nostalgie getrieben. Mit dreißig Jahren lässt man sich noch nicht von Erinnerungen leiten. Wir wünschten uns nur ein kleines Häuschen, nicht zu teuer, mit Einkaufsmöglichkeiten und Schule in der Nähe, und mit einem Garten. Das Familiengrundstück erfüllte diese Ansprüche. Über die Tatsache, dass unsere Sprösslinge in sechster Generation den Fuß auf diesen heimatlichen Boden setzen würden, dachten wir gar nicht nach, so beständig, wie unsere Gedanken um die tausendundeins familiären und beruflichen Fragen kreisten.

Der Garten hat sich verändert. Ich habe gepflasterte Wege verlegt, kleine Mauern gebaut, Teiche und Beete angelegt. Ich bin ein lausiger Gärtner geblieben, der genauso viel Interesse an den kohlfressenden Raupen zeigt wie an der Kohlernte, was den Ertrag entsprechend schmälert. Ich wollte aus dem Garten ein Observatorium machen, in dem unsere Augen angesichts der Vielfalt der Formen und Farben ebenso auf ihre Kosten kommen wie unsere Geschmacksknospen. Alle Pflanzen sollen willkommen sein, die sogenannten »invasiven« und »schädlichen«, die aus der Mode gekommenen und »der letzte Schrei«, die giftigen, die stacheligen und auch die, deren Blätter unterm Schuh kleben und sich auf den Küchenfliesen verteilen. Alle Tiere und Insekten werden willkommen geheißen, die stechenden, die ekligen und die unsichtbaren. Der Garten soll eine Oase der Freiheit bleiben, unabhängig von den Vorstellungen einer Gesellschaft, in der unser Verhalten viel zu oft von Ratschlägen bestimmt wird, die es zu befolgen gilt.

Weißer Blutstorchschnabel ›Album‹
Geranium sanguineum

Blaumeise
Cyanistes caeruleus
Sie zwitschern zwischen den Sumachs.

◆ **Arabischer Schneckenklee**
Medicago arabica

EINES TAGES, wenn noch etwas mehr Zeit vergeht, wird der Garten vielleicht innerhalb weniger Stunden mit einem Bagger dem Erdboden gleichgemacht, um ein anderer zu werden. Natürlich wird er sich verändern, auf die ein oder andere Weise. Völlig egal. Das einzig Wichtige ist, dass Kinder dort zum ersten Mal die Welt entdecken können, während ihre Eltern eine Handvoll Blumen, Minze oder Salbei pflücken und mindestens einen Strauch Tomaten pflanzen.

Dieses Stückchen Erde wird auf ein Neues zum Schauplatz menschlicher Freuden und Leiden werden. Es wird zur Bühne werden für das Wiedererwachen der Blütensymphonien und zum Auditorium für das Brummen fliegender Käfer wie für das Gezanke der Spatzen und Meisen.

Ich hoffe, dass sich eine Ecke retten lässt vor diesem traurigen Teil einer Gesellschaft, der davon besessen ist, alles zu asphaltieren und auf Hochdruck zu reinigen, und vor einer Welt, die ihre Zeit in den sozialen Medien vergeudet und vergisst, sich für Dinge zu begeistern, die wertvoller sind, weniger kosten und weniger verpesten. Ich hoffe einfach nur, dass ihnen eine Ecke entwischt, die den Feen und dem Unkraut überlassen bleibt, aus dem man an einem warmen Sommerabend ein Krötentantchen zur Erfrischung heraushuschen sieht, im Licht des unfassbar leuchtenden Weiß einer flüsternden Zaunwinde.

So wie der Strand weder dem Meer noch dem Land angehört, ist auch der Garten weder eine Erweiterung des Hauses unter freiem Himmel noch ein Ort in freier Natur. Er ist ein Küstenstreifen, ein Ort der Balance und des Kompromisses. Die Rolle aller, die ihn bewohnen, ist es, der Nachwelt viele Kubikmeter gesunde Erde zu hinterlassen. Sie verpflichten sich außerdem, den Jüngsten beizubringen, wie bedeutsam Entschleunigung ist, und sich die Zeit zu nehmen, alle Lebewesen, die den Garten besuchen, zu betrachten und anzuhören. Mittlerweile kann ich etwa dreißig Wildpflanzen bestimmen und kenne die Vögel des Gartens und einen Großteil seiner Insekten beim Namen. Was für ein Glück! Und ich weiß auch endlich, was die Blüte der Zaunwinde aus meiner Kindheit mir sagen wollte, drei Worte, nach denen auch die Myosotis benannt ist: »Vergiss mein nicht.«

Spitzwegerich
Plantago lanceolata
Windhafer
Avena fatua
Admiral
Vanessa atalanta
Echte Nelkenwurz
Geum urbanum

Der Garten aus der Vogelperspektive

◆ **Erdrauch**
Fumaria officinalis

1. Das Haus
2. Das Atelier
3. Handwerks- /Gärtnereiatelier
4. Fahrradgarage
5. Sumach
6. Pflaumenbaum ›Pissardii‹
7. Zisterne für die Teiche
8. Runder Teich unterm Bambus
9. Schuppen auf Stelzen
10. Seerosenteich
11. Stumpf des alten Kirschbaums
12. Pampagras
13. Feigenbaum
14. Gemüsegarten
15. Palme
16. Damaszenerrosen
17. Pflaumenbaum ›Golden Japan‹
18. Pfirsichbaum
19. Kompost
20. Pflaumenbaum
21. Blauregen
22. Bärenklau
23. Wäscheleine
24. Stachelbeer- und Johannisbeersträucher
25. Aprikosenbaum
26. Salbei
27. Blumenrohr
28. Zitronen- und Mandarinenbaum
29. Apfelbaum
30. Lorbeer
31. Klettertrompete
32. Geißblatt
33. Efeu
34. Kapmargeriten
35. Winterjasmin
36. Jasmin über dem Briefkasten
37. Hortensie unter der Freitreppe
38. Flieder
39. Japanische Kerrie
40. Magnolie

Regenwasserleitsystem
● ● ● ● ● ●

S
E
O
N
1
2
3
4
5
6
7
8
9
10
11
12
13
14
15
16
17
18
19
20
21
22
23
24
25
26
27
28
29
30
31
32
33
34
35
36
37
38
39

Register

Gemüsegarten

Knoblauch 176f.
Rote Bete 77
Karotten 124
Sellerie 125
Chicorée 124
Zucchini 147, 155
Kohl 51
Graue Schalotte 125
Bohnen 124f.
Kopfsalat 120, 124f.
Feldsalat 8, 124
Rüben 50, 104
Weiße Zwiebel 124
Erbsen 63, 124f.
Lauch 120
Kartoffeln 45, 118, 125
Radieschen 124
Gewöhnlicher Rhabarber 40
Tomaten 104, 118, 125, 133, 155
Schwarzwurzel 124

Früchte

Aprikose 51
Nektarine 28
Sauerkirsche (Montmorency) 72, 84
Feige 153
Erdbeere 72
Himbeere 136
Johannisbeere 90
Stachelbeere 106
Haselnuss 6
Walnuss 8
Birne 123
Apfel 142
Pflaume 108
Weintraube 152, 154

Kräuter

Dill 32, 130
Schnittlauch 61
Krause Petersilie 125
Pimpernell 141
Rosmarin 25
Thymian 48

Ziergarten

Bärenklau 87, 92, 134
Goldgarbe 101
Gewöhnliche Akelei 59, 118
Kronenanemone 46
Japanische Kerrie 144
Syrische Seidenpflanze 100
Aster 162
Gewöhnlicher Bambus 2
Bergenie 15
Klettertrompete 151
Kriechender Günsel 67
Japanische Kamelie 15
Blumenrohr 164, 177
Filziges Hornkraut 79
Wintergrüne Ölweide 164
Geißblatt 58
Waldrebe 56
Kranzlichtnelke 87, 89
Lampionblume 42
Japanische Kerrie 56
Goldkrokus 149, 151, 162
Dahlie 163
Stechapfel 168
Gottesauge 192
Zypergras 111
Weiße Freesie 41
Schachbrettblume 38
Forsythie 46
Japanspindel 105
Prachtkerze 112
Blutstorchschnabel 49, 192
Siegwurz 117, 189, 202
Blauregen 17, 60
Gartenlevkoje 54, 190
Großer Immergrün 30
Schwarze Nieswurz 12, 17
Zitronengelbe Taglilie 95
Pampagras 179
Echte Purpurglöckchen 45
Sumpfeibisch 148
Hortensie 12
Purpurprunkwinde 112
Deutsche Schwertlilie 26
Gelbe Schwertlilie 64
Stinkende Iris 86, 151
Schillernde Schwertlilie 54
Spanische Hasenglöckchen 38
Gartenhyazinthe 24, 50
Winterjasmin 13
Duftjasmin 66, 181
Hauswurz 113
Weiße Lilie 86, 202
Stechdornblättrige Mahonie 19
Kapmargeriten 44
Wilde Malve 150, 192
Johanniskraut 93
Froschbiss 108
Löwenmaul 190
Maiglöckchen 67
Traubenhyazinthe 42
Alpenvergissmeinnicht 62
Gelbe Narzisse 31
Seerose 108
Ackerschwarzkümmel 101
Bartnelke 44
Milchstern 47
Große Fetthenne 149
Chinesische Hanfpalme 68
Pastel 61, 94
Schlafmohn 202
Ferris Schachtelhalm 97
Wasserhahnenfuß 79
Chinesische Goldrose 67
Stockrose 144
Damaszenerrose 85
Hundsrose 193
Weinraute 95
Johannisbeersalbei 165
Aschenpflanze 99
Ringelblume 145
Prachtspiere 41
Tulpe 47, 54, 162
Mauergänseblümchen 72
Jungfernrebe 126

Bäume

Granatapfel 100
Stechpalme 22
Lorbeerkirsche 48
Edler Lorbeer 44
Flieder 182
Mispel 188
Pflaume 106
Blutpflaume 24, 28, 102
Hirschkolbensumach 166f.

Wildwuchs

Schnittlauch 119
Knoblauchsrauke 63
Italienischer Aronstab 79, 186
Echte Nelkenwurz 197
Kleinblütige Königskerze 17, 101
Rotfrüchtige Zaunrübe 75
Dalmatiner Glockenblume 85
Nickende Distel 106
Weiße Lichtnelke 189
Klatschmohn 76
Mauerzimbelkraut 128
Kreuzblättrige Wolfsmilch 13, 82

Gartenwolfsmilch 13
Windhafer 197
Scharbockskraut 31
Erdrauch 198
Klettenlabkraut 62, 95
Rundblättriger Storchschnabel 181
Schöllkraut 150
Ruprechtskraut 48
Ackergänsedistel 106
Raue Gänsedistel 191
Purpurrote Taubnessel 30
Rainkohl 117
Efeu 155, 189
Ackerwinde 99
Arabischer Schneckenklee 196
Schwarzer Nachtschatten 152
Weinbergsstern 169
Ackervergissmeinnicht 48
Gemeine Nachtkerze 132
Efeusommerwurz 188
Schöner Ampfer 116
Stumpfblättrige Ampfer 169
Löwenzahn 78
Spitzwegerich 197
Kissenprimel 19
Brombeere 75, 136
Gewöhnliches Greiskraut 48
Persischer Ehrenpreis 30
Futterwicke 62
Duftveilchen 19

Flechten und Moose

Mauerdrehzahnmoos 34
Trompetenflechte 33
Sulcatflechte 186

Pilze

Honiggelber Hallimasch 174, 176, 180
Ledriger Öhrling 18
Rotrandiger Baumschwamm 176

Vögel

Distelfink 69
Rabenkrähe 171
Star 30
Mönchsgrasmücke 102
Eichelhäher 18
Singdrossel 170
Pirol 114
Amsel 56, 58, 102
Blaumeise 194f.
Kohlmeise 147
Schwanzmeise 7
Hausspatz 178
Buntspecht 188
Elster 179
Ringeltaube 149
Buchfink 16
Rotkehlchen 11, 166
Hausrotschwanz 2
Türkentaube 103, 117
Zaunkönig 16
Grünfink 62

Insekten

Große Holzbiene 60, 92
Zickzacklinien-Trauerschweber 78
Waldschabe 78
Wollschweber 148
Ackerhummel 50
Rothaarbock 95
Goldleiste 95
Goldglänzender Rosenkäfer 19, 119, 135
Trauerrosenkäfer 61, 63
Friedhofstierchen 128, 150
Rosmarinkäfer 41
Grüne Florfliege 191
Goldgrüne Waffenfliege 76
Wiesenschaumzikade 155
Gemeiner Bienenkäfer 99
Echter Widderbock 64
Schachbrettmarienkäfer 101
Siebenpunktmarienkäfer 43
Asiatischer Marienkäfer 42
Punktloser Marienkäfer 169
Zaunrübenmarienkäfer 82
Lilienhähnchen 28
Totenkopfschwebfliege 51
Gemeine Keilfleckschwebfliege 51, 148
Asiatische Hornisse 154
Gemeiner Ohrwurm 86
Gemeiner Wasserläufer 108
Streifenwanze 131
Gemeine Wespe 111
Feldwespe 51, 131
Gymnosoma rotundatum 101
Gerippter Brachkäfer 66
Gemeine Sumpfschwebfliege 117
Hirschkäfer 135, 183
Goldfliege 108
Gottesanbeterin 182, 190
Graue Fleischfliege 168
Grüner Scheinbockkäfer 82
Zwerghirschkäfer 82
Faltenmücke 90
Braune Randwanze 83
Kohlwanze 131
Graue Gartenwanze 64
Gelbgrüne Schmuckwanze 128
Schwarzrückige Schmuckwanze 135
Grüne Stinkwanze 129, 151, 162
Kohlschnake 49
Grünes Heupferd 112, 133
Borstige Dolchwespe 118
Stahlblauer Grillenjäger 94
Hainschwebfliege 76

Insekten: Schmetterlinge

Faulbaumbläuling 59
Brombeerspinner 112
Königskerzenmönch 81
Jakobskrautbär 106
Segelfalter 116
Schwalbenschwanz 100
Nachtfalter 25
Großer Kohlweißling 75, 135
Waldbrettspiel 153
Primeleule 182
Admiral 197

Insekten: Libellen

Blaugrüne Mosaikjungfer 113
Große Pechlibelle 86
Gebänderte Prachtlibelle 97
Westliche Keiljungfer 110
Frühe Adonislibelle 79

Spinnen

Kürbisspinne 58
Großer Asseljäger 43
Große Zitterspinne 175
Brautgeschenkspinne 64, 160

Sonstiges

Grillen 63
Barometer 156
Hacken 121
Zierleisten 181
Goldfisch 83, 136
Katze 32, 136
Kellerassel 25
Erdkröte 144
Mittelmeererdkröte 93
Wetterfahne 156
Rote Wegschnecke 145
Teichfrosch 108, 110
Gefleckte Weinbergschnecke 22, 74
Gartenbänderschnecke 74
Braunbrustigel 145
Mauereidechse 152
Genetzte Ackerschnecke 18, 163
Spitzschlammschnecke 63
Schwarze Wegschnecke 19
Tausendfüßer 18
Oothek 190
Pokémon 40
Spinnenläufer 183
Thermometer 156

Inhaltsverzeichnis

S. 3 Einleitung
S. 9 **Januar**
S. 20 1821, Der ländliche Garten
S. 23 **Februar**
S. 34 1855, Der eingemauerte Garten
S. 39 **März**
S. 52 1873, Ein Haus im Garten
S. 55 **April**
S. 70 1919, Der Garten der Wäscherinnen
S. 73 **Mai**
S. 88 1936, Der Garten des kleinen Jacques
S. 91 **Juni**
S. 104 1947, Der Garten als Jacques' Nährboden
S. 107 **Juli**
S. 120 1963, Die Gartenhefte
S. 127 **August**
S. 140 1968, Ein Abenteuergarten
S. 143 **September**
S. 156 Das Gartenwetter
S. 161 **Oktober**
S. 172 1980, Ein städtischer Garten
S. 175 **November**
S. 184 1996, Der Garten der Erinnerung
S. 187 **Dezember**
S. 192 2021, Der Garten des Glücks
S. 196 Schluss
S. 198 Der Garten aus der Vogelperspektive
S. 200 Inhaltsverzeichnis
S. 202 Inhaltsverzeichnis
S. 204 Bibliographie

Sicht auf das Viertel

Der Garten 1855–1970
Der Garten 1970–1990
Der Garten 1990–

Bibliographie

Papillons
P. Sterry et A. Mackay,
« Nature en poche », Larousse, 2004.

Guide des insectes
La description, l'habitat, les mœurs,
W. Ring et W. Dierl,
Delachaux & Niestlé, 1992.

Guide photographique des fleurs sauvages d'Europe, Dt.: Pflanzen Europas
Oleg Polunin,
übersetzt und bearbeitet von
Dr. Thomas Schauer, BLV München, 1971.

Notes fauniques de Gembloux

Internetseiten:

Inventaire national du patrimoine naturel
inpn.mnhn.fr

Office pour les insectes et leur environnement
www.insectes.org

www.galerie-insecte.org

www. afl-lichenologie.fr

und Wikipedia.

Die Werke, die mich während der zwei Jahre beim Zeichnen begleitet haben:

La Tentation du jardin
Petit florilège sur l'art de cultiver les plaisirs verts,
Xavier Mouginet
« Petite philosophie du voyage »,
Transboréal, 2018.

L'Oasis
Petite genèse d'un jardin biodivers,
Simon Hureau,
Dargaud, 2020.

Le Jardin enchanté de Maria Hofker
M.-F. Boyer et M. Heuff,
Chêne, 2009.

Éloge des vagabondes
Herbes, arbres et fleurs à la conquête du monde,
Gilles Clément
Nil éditions, 2002.

Ett hem
En bilderbok av
Carl Larsson
met text av Lennart Rudström,
Bonniers Juniorförlag AB, 1984.

Danksagung

Ein besonderer Dank
des Autors geht an:

Élisabeth für alles für immer, **Amaury** für seine Hilfe bei der Insektensuche im Garten, die **Communauté de communes Picardie des Châteaux** für das Aufenthaltsstipendium 2020, das unter anderem für dieses Projekt vergeben wurde (mit Unterstützung durch das Kulturministerium der Region Hauts-de-France), **Patrick Raboin** von der Liga für Vogelschutz, **Guillaume Delaunay** vom regionalen Naturpark Loire-Anjou-Touraine, den aufmerksamen Beobachter der Natur und Lektor **Pascal Laigle**, die Verleger **Chun et Loïc**, den Nachbarn **Frédéric C. (und Lulu)** für die fachkundigen Pflanzenspenden, **Jean-Luc M.**, der den Garten kennt wie kein anderer, da er sich während unserer Chinareise um ihn kümmerte, und **Nicolas T.** dafür, dass er mich ab und zu auch mal aus dem Garten herausholte.

Nicolas Jolivot

Die Schriftart, in der dieser Text geschrieben steht,
heißt Athelas. Sie wurde 2008 von Veronika Burian
und José Scaglione vom TypeTogether-Label entworfen.
Sie trägt den Namen einer Heilpflanze aus Tolkiens
Der Herr der Ringe.